中国石化
SINOPEC CORP.

油田企业HSE培训教材

陆上采气

总主编　卢世红

主　编　徐　进

中国石油大学出版社
CHINA UNIVERSITY OF PETROLEUM PRESS

图书在版编目(CIP)数据

陆上采气 / 徐进主编. —东营:中国石油大学出版社,2015.8

中国石化油田企业 HSE 培训教材 / 卢世红总主编

ISBN 978-7-5636-4853-5

Ⅰ. ①陆… Ⅱ. ①徐… Ⅲ. ①采气—技术培训—教材

Ⅳ. ①TE37

中国版本图书馆 CIP 数据核字(2015)第 187915 号

丛 书 名:中国石化油田企业 HSE 培训教材

书 名:陆上采气

总 主 编:卢世红

主 编:徐 进

责任编辑:杨 勇(电话 0532—86983559)

封面设计:赵志勇

出 版 者:中国石油大学出版社(山东 东营 邮编 257061)

网 址:http://www.uppbook.com.cn

电子信箱:cuppzp2013@126.com

印 刷 者:青岛国彩印刷有限公司

发 行 者:中国石油大学出版社(电话 0532—86983560,86983437)

开 本:170 mm×230 mm 印张:13.25 字数:252 千字

版 次:2016 年 5 月第 1 版第 1 次印刷

定 价:35.00 元

编审人员

总 主 编　卢世红

主 　 编　徐 进

副 主 编　李发祥　许锦龙　习树江

编写人员　高劲松　孙天礼　张小龙　夏 庆　岳建伟

　　　　　　李小俊　姚华弟　刘 琳　杨 琴　许红维

　　　　　　杜青山　谢 晋　李若波　罗广祥　龙 英

　　　　　　文 峰

审定人员　（按姓氏笔画排序）

　　　　　　王雨生　牛孟申洪　冯小红　邬云龙

　　　　　　何 波　青绍学　曹 赟

特别鸣谢

（按姓氏笔画排序）

马　勇	王　蔚	王永胜	王来忠	王家印	王智晓
方岱山	尹德法	卢云之	叶金龙	史有刚	成维松
毕道金	师祥洪	邬基辉	刘卫红	刘小明	刘玉东
闫　进	闫毓霞	江　键	祁建祥	孙少光	李　健
李发祥	李明平	李育双	杨　卫	杨　雷	肖太钦
吴绪虎	何怀明	宋俊海	张　安	张亚文	张光华
陈安标	罗宏志	周焕波	孟文勇	赵　忠	赵　彦
赵永贵	赵金禄	袁玉柱	栗明选	郭宝玉	酒尚利
曹广明	崔征科	彭　刚	葛志羽	雷　明	褚晓哲
魏　平	魏学津	魏增祥			

前言

　　自发现和开发利用石油天然气以来,人们逐渐认识到其对人类社会进步的巨大促进作用,是当前重要的能源和战略物资。在石油天然气勘探、开发、储运等生产活动中发生过许多灾难性事故,这教训人们必须找到有效的预防办法。经过不断的探索研究,人们发现建立并实施科学、规范的 HSE(健康、安全、环境)管理体系就是预防灾难性事故发生的有效途径。

　　石油天然气工业具有高温高压、易燃易爆、有毒有害、连续作业、点多面广的特点,是一个高危行业。实践已经证明,要想顺利进行石油天然气勘探、开发、储运等生产活动,就必须加强 HSE 管理。

　　石油天然气勘探、开发、储运等生产活动中发生的事故,绝大多数是"三违"(违章指挥、违章操作、违反劳动纪律)造成的,其中基层员工的"违章操作"占了多数。为了贯彻落实国家法律法规、规章制度、标准,最大限度地减少事故,应从基层员工的培训抓起,使基层员工具有很强的HSE 理念和责任感,能够自觉用规范的操作来规避作业中的风险;对配备的 HSE 设备设施和器材,能够真正做到"知用途、懂好坏、会使用",以从根本上消除违章操作行为,尽可能地减少事故的发生。

　　为便于油田企业进行 HSE 培训,加强 HSE 管理,特组织编写了《中国石化油田企业 HSE 培训教材》。这是一套 HSE 培训的系列教材,包括：根据油田企业的实际，采用 HSE 管理体系的理念和方法，编写的《HSE 管理体系》《法律法规》《特种设备》和《危险化学品》等通用分册；根据油田企业主要专业，按陆上或海上编写的 20 个专业分册，其内容一般包括专业概述、作业中 HSE 风险和产生原因、采取的控制措施、职业健康危害与预防、HSE 设施设备和器材的配备与使用、现场应急事件的处置措施等内容。

本套教材主要面向生产一线的广大基层员工，涵盖了基层员工必须掌握的最基本的 HSE 知识，也是新员工、转岗员工的必读教材。利用本套教材进行学习和培训，可以替代"三级安全教育"和"HSE 上岗证书"取证培训。从事 HSE 和生产管理、技术工作的有关人员通过阅读本套教材，能更好地与基层员工进行沟通，使其对基层的指导意见和 HSE 检查发现的问题或隐患的整改措施得到有效的落实。

为确保培训效果，提高培训质量，减少培训时间，使受训人员学以致用，立足于所从事岗位，"会识别危害与风险、懂实施操作要领、保护自身和他人安全、能够应对紧急情况的处置"，培训可采用"1＋X"方式，即针对不同专业，必须进行《HSE 管理体系》和相应专业教材内容的培训，选读《法律法规》《特种设备》和《危险化学品》中的相关内容。利用本套教材对员工进行培训，统一发证管理，促使员工自觉学习，纠正不良习惯，必将取得良好的 HSE 业绩，为油田企业的可持续发展做出积极贡献。

本套教材编写历时六年，期间得到了中国石油化工集团公司安全监管局领导的大力支持、业内同行的热心帮助、中国石油大学（华东）相关专业老师的指导及各编写单位领导的重视，在此一并表示衷心感谢。

限于作者水平，书中难免有疏漏和不足之处，恳请读者提出宝贵意见。

总主编

2015 年 12 月

目录
Contents

第一章 概 述 ………………………………………………………… 1

第一节 采气简介 ………………………………………………… 1

一、采气地质基础 …………………………………………… 1

二、气藏流体简介 …………………………………………… 4

三、井身结构、井口装置及地面流程 …………………… 6

四、常见采气工艺 …………………………………………… 9

第二节 采气主要设备设施 …………………………………… 15

一、井下设备设施 …………………………………………… 15

二、井口设备设施 …………………………………………… 18

三、流程设备设施 …………………………………………… 20

四、其他设备 ………………………………………………… 26

第三节 采气作业场站布置 …………………………………… 26

一、总体布置 ………………………………………………… 27

二、采气场站流程布置 …………………………………… 28

第四节 岗位设置及 HSE 职责 ……………………………… 31

一、岗位设置 ………………………………………………… 31

二、岗位基本条件 …………………………………………… 32

三、岗位 HSE 职责 ………………………………………… 33

第二章 危害识别 …………………………………………………… 36

第一节 主要物质的危害 ……………………………………… 36

一、天然气 …………………………………………………… 36

二、产出水 …………………………………………………… 37

1

三、原油或凝析油 ……………………………………………… 37

四、硫化氢 ……………………………………………………… 38

五、硫沉积 ……………………………………………………… 39

六、铁的硫化物 ………………………………………………… 39

七、二氧化碳 …………………………………………………… 40

八、二氧化硫 …………………………………………………… 40

九、化学药剂 …………………………………………………… 41

十、机械杂质 …………………………………………………… 41

第二节　采气作业危害 ………………………………………… 42

一、开关井 ……………………………………………………… 42

二、排水采气 …………………………………………………… 46

三、加热、分离及计量 ………………………………………… 52

四、维护保养 …………………………………………………… 59

五、其他作业 …………………………………………………… 67

第三节　集气作业危害 ………………………………………… 72

一、清管 ………………………………………………………… 72

二、管线腐蚀检测 ……………………………………………… 75

三、脱硫、脱水 ………………………………………………… 78

第四节　增压作业危害 ………………………………………… 89

一、增压机启动 ………………………………………………… 89

二、增压机停机 ………………………………………………… 90

第三章　风险控制 ……………………………………………… 91

第一节　采气作业风险控制 …………………………………… 91

一、开关井 ……………………………………………………… 91

二、排水采气 …………………………………………………… 95

三、加热、分离及计量 ………………………………………… 101

四、维护保养 …………………………………………………… 107

五、其他作业 …………………………………………………… 115

第二节　集气作业风险控制 …………………………………… 120

一、清管 ………………………………………………………… 120

二、管线腐蚀检测 ……………………………………………… 123

三、脱硫、脱水 ………………………………………………… 125

第三节　增压作业风险控制 …………………………………………………… 136

　　一、增压机启动 ………………………………………………………… 136

　　二、增压机停机 ………………………………………………………… 137

第四节　直接作业环节 ………………………………………………………… 138

　　一、总则 ………………………………………………………………… 138

　　二、用火作业 …………………………………………………………… 139

　　三、高处作业 …………………………………………………………… 141

　　四、进入受限空间作业 ………………………………………………… 142

　　五、临时用电作业 ……………………………………………………… 145

　　六、起重作业 …………………………………………………………… 146

　　七、破土作业 …………………………………………………………… 148

　　八、施工作业 …………………………………………………………… 149

　　九、高温作业 …………………………………………………………… 150

第四章　职业健康危害与预防 ………………………………………………… 151

第一节　概　述 ………………………………………………………………… 151

第二节　采气系统职业病危害因素辨识 ……………………………………… 152

　　一、采气作业过程中的危害因素及其来源 …………………………… 152

　　二、主要职业病危害因素对人体健康的危害影响 …………………… 153

第三节　主要职业病危害因素的防控措施 …………………………………… 154

　　一、硫化氢防护措施 …………………………………………………… 154

　　二、噪声防护措施 ……………………………………………………… 154

　　三、高温防护措施 ……………………………………………………… 154

　　四、做好偏远井站员工的心理疏导 …………………………………… 155

第五章　HSE 设施设备与器材 ……………………………………………… 156

第一节　概　述 ………………………………………………………………… 156

第二节　劳动防护用品 ………………………………………………………… 159

　　一、安全帽 ……………………………………………………………… 159

　　二、眼面防护用品 ……………………………………………………… 161

　　三、防噪音耳塞和耳罩 ………………………………………………… 162

　　四、正压式空气呼吸器 ………………………………………………… 163

　　五、绝缘手套 …………………………………………………………… 167

　　六、绝缘靴 ……………………………………………………………… 168

七、安全带 ································· 169

第三节　设备与工艺系统保护装置 ··········· 170

一、漏电保护器 ····························· 170

二、安全阀 ································· 172

三、车用阻火器 ····························· 174

四、消声器 ································· 174

第四节　安全与应急设施设备和器材 ········· 176

一、安全标志 ······························· 177

二、风向标 ································· 181

三、消防设施 ······························· 182

四、低压验电器 ····························· 188

五、便携式气体检测仪 ····················· 188

六、防雷接地装置 ··························· 190

七、防静电接地 ····························· 191

八、人体静电释放器 ······················· 191

九、绝缘棒 ································· 191

第六章　应急管理 ····························· 193

第一节　应急预案 ··························· 193

一、人员管理 ······························· 193

二、事件报告 ······························· 193

三、现场指挥 ······························· 194

四、应急处置 ······························· 194

第二节　应急设备及器材 ··················· 197

一、采气场站的应急设备及器材 ············· 197

二、救援机构的应急设备及器材 ············· 198

第三节　应急演练 ··························· 199

一、演练科目 ······························· 199

二、演练频次 ······························· 199

三、演练总结 ······························· 200

四、持续改进 ······························· 200

参考文献 ····································· 201

第一章 概　述

采气工程是指在天然气开采工程中有关气田开发的完井投产作业、试井及生产测井、增产挖潜措施、天然气生产、井下作业与修井、地面集输与处理等工艺技术和采气工程方案设计的总称。人们平时所说的采气是指采气过程中天然气生产这个环节，即油气从地层→井底→井筒→井口→地面流程→集气管线的整个过程。只有在了解了采气的全部过程后才能做好采气 HSE 工作。本章主要对采气的全过程、常见采气设备、采气工艺、采气场站布置及采气现场岗位设置和不同岗位的 HSE 要求做一个整体介绍。

第一节　采气简介

本节主要介绍天然气生产的全过程，即对气体从地层→井口→地面流程的流动过程做一个简单介绍。

一、采气地质基础

采气是指天然气从地层流到地面的过程，采气工作除了要掌握地面流程的相关知识外，对油气在地下的状态也要有一定的认识。如油气通常会出现在什么样的岩石中，这些岩石会有什么样的特征，开采中油气通常会出自于什么样的地层，人们在采气井所说的地层和地质时代的对应关系是怎样的，气藏通常会出现在什么样的地质构造中，天然气在地下是怎样生成的，天然气生成后是怎样形成油气藏、油气田的等。下面就以上内容分别进行介绍。

（一）地壳及其组成物质

地球由大气圈、生物圈、水圈和固体地球构成。固体地球又分为地壳、地幔和地核 3 大圈层（见图 1-1）。与油气生成和储存相关的主要是地壳部分。地壳在不同的区域厚度相差很大，其中大陆地壳厚度较大，高山、高原地区地壳更厚，平原、盆地地壳相对较薄，大洋地壳则远比大陆地壳薄。

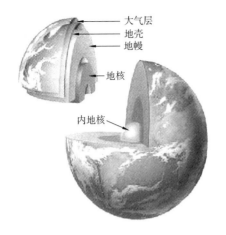
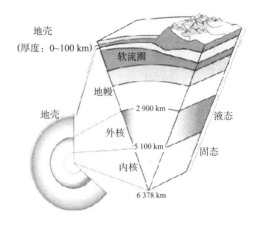

图 1-1　地球分层示意图

岩石是组成地壳的基本单元,按成因分为岩浆岩、沉积岩和变质岩 3 大类。岩浆岩是由高温熔融的岩浆在一定地质作用的影响下,侵入地壳或喷出地表,经冷却凝固、结晶而形成的岩石,一般很难有油气的聚积。沉积岩是在地壳表层条件下,由母岩的风化产物、火山物质、生物源物质等成分,经过搬运作用、沉积作用及沉积后作用形成的岩石,石油、天然气几乎全部形成和储藏在沉积岩里,现已发现的绝大多数油气田几乎都分布于沉积岩区。变质岩是指受到地球内部力量(温度、压力、应力的变化,化学成分等)改造而成的新型岩石。一般来说,岩石的变质作用对油、气的生成和保存都是不利的。沉积岩只占地壳总体积的 5%,但沉积岩分布却占整个大陆面积的 75%,由于其成分、结构及形成环境的不同,因而构成了不同类型的沉积岩。从油气地质的角度考虑,可以把沉积岩归纳为碎屑岩、黏土岩和碳酸盐岩 3 大类。碎屑岩主要由碎屑颗粒、杂基、胶结物和孔隙 4 种基本结构组成(见图 1-2)。天然气和石油就储集在孔隙中。黏土岩又叫泥质岩或泥状岩,主要是由黏土矿物及粒径小于 0.005 mm 的细碎屑(质量分数超过 50%)组成的沉积岩。黏土岩是分布最广的沉积岩,占沉积岩总量的 45% 以上。黏土岩是重要的生油岩,也是重要的盖层。碳酸盐岩是主要由方解石($CaCO_3$)和白云石$[CaMg(CO_3)_2]$等碳酸盐矿物组成的沉积岩。以方解石为主的称作石灰岩,以白云石为主的称作白云岩。碳酸盐岩与油气的关系十分密切。当前国内外的大油气田中,碳酸盐岩产层占很大的比例,世界上与碳酸盐岩有关的油气田储量约占世界总储量

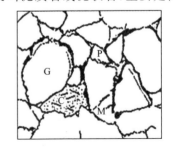

图 1-2　碎屑岩的组成部分

G—颗粒;M—杂基;

C—胶结物;P—孔隙

的 50％,产量占总产量的 60％。近年在四川省发现的普光、龙岗等大气田均为碳酸盐岩储层。

(二)地质构造

1. 褶皱构造

地壳中的沉积岩在构造运动的影响下,改变了原始产状,使水平岩石层变成了各式各样的弯曲形状,但未丧失其连续完整性,这样的构造称为褶皱构造。褶皱构造每个单独的弯曲叫作褶曲。褶曲的基本单位有背斜和向斜(见图 1-3)。油气通常存在于背斜构造中。

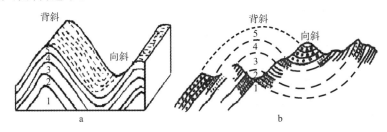

图 1-3 背斜和向斜示意图

a—背斜和向斜沉积状态示意图;b—背斜和向斜经剥蚀作用后岩层出露示意图

2. 断裂

断裂是岩石的破裂,是岩石的连续性受到破坏的表现。断裂包括断层与节理 2 类:断层指破裂发生后,沿破裂面有显著位移的构造现象;节理指沿破裂面两侧岩块没有发生明显的位移。

3. 地层的接触关系

地层的接触关系按沉积时代是否连续可分为整合接触和不整合接触。整合接触地层沉积时代是连续的,沉积时代不相连续的地层间的接触为不整合接触,按照不整合面上下 2 套地层之间的产状及其所反映的构造运动过程,不整合可分为平行不整合(假整合)和角度不整合(斜交不整合)。不整合接触这一地质构造现象与油气藏的形成有密切关系,它可以作为油气运移的通道;同时不整合面的附近可以形成各种类型的圈闭,有利于油气的储集。

(三)石油、天然气的生成

从目前世界上已发现油气田的资料来看,99％以上都分布在沉积岩中,而且油、气的化学成分与沉积岩中有机质的化学成分有着密切的关系。也就是说,天然气和石油是沉积岩中的有机物质在适当的环境下,经过一定的物理、生物化学作用转化而成的。因此,天然气绝大多数是有机生成的,并且有机成因的理论已成为寻找气田的主要理论。

在若干万年前,随着地球的演变和自然环境的变化,陆地上和海洋中的生物

(动物、植物、微生物)逐渐死亡,并被水流搬迁,随泥沙等沉积物一起埋藏在海洋或湖泊的低洼地带,天长日久沉积渐渐加厚形成有机淤泥,随着地壳运动,下降地区的有机淤泥继续被水覆盖,泥沙不断在其上沉积,逐渐形成隔绝空气的还原环境。有机物质在缺氧的还原环境下得以保存,并且地层的高温和高压条件促进了有机物质分子(生物遗体)的裂解和叠合,同时岩石中的放射性元素、催化剂、厌氧细菌等的作用,将有机物质中的氧、氮、硫等成分分离出来,使碳和氢不断富集,生成碳氢化合物,又叫烃或烷烃,是天然气的主要成分。因此,有机物质向天然气转化的过程,是一个碳、氢不断增加和氧不断减少的过程。总之,无论是海相还是陆相地层,只有具备了大量的有机物质和适宜有机物质堆积、保存并向天然气转化的地质环境及物理化学条件,才能生成天然气。

(四)油气藏的形成

天然气生成之后,是呈零星分散状态存在于生油气地层中的。后来因各种因素的影响发生油气的运移,在运移过程中遇到圈闭就停留下来形成油气藏。油气藏的形成过程就是在各种成藏要素的有效匹配下,油气从分散到集中的转化过程。这些要素可归结为4个基本条件,即充足的油气来源、有利的生储盖组合、有效的圈闭和良好的保存条件。

(五)气藏、气田、含油气盆地

油气藏是具有统一流体动力学系统的最小油气聚集。油气在地下岩层运移过程中,当岩石的物理性质和几何形态阻止油气进一步运移时,油气就会在圈闭中聚集起来,形成油气藏。油气在单一圈闭中的聚集称为油气藏。如果在圈闭中只聚集了石油,则称为油藏;只聚集了天然气,则称为气藏;二者同时聚集,则称为油气藏。

气田是指受局部构造(包括岩性因素、地层因素等)所控制的同一面积范围内的气藏总和。如果单一构造面积控制下只有一个气藏,则叫作单一型气田;若有若干个气藏,则叫作复合型气田。

油气田一般是一个地质构造单元(较多的是背斜)的一部分,都分布在沉积盆地中。在沉积盆地中,若发现了具有工业价值的油气田,那么这种沉积盆地就称为含油气盆地。它是在一定地质时期发育起来的油气生成区和油气藏形成区,是油、气生成、运移和聚集的基本地质单位。含气盆地则是指含油气盆地中以含气态烃类为主的沉积盆地。

二、气藏流体简介

气藏中的流体主要指气藏中可以流动的物体,即天然气、油(原油、凝析油)、水。

(一)天然气

广义的天然气指天然产出的气体,狭义的天然气是指自然生成以碳氢化合物

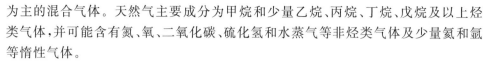

为主的混合气体。天然气主要成分为甲烷和少量乙烷、丙烷、丁烷、戊烷及以上烃类气体,并可能含有氮、氧、二氧化碳、硫化氢和水蒸气等非烃类气体及少量氦和氩等惰性气体。

1. 天然气的分类

(1)按矿场分类:按天然气产出的矿场可把天然气分为纯气田气、油田伴生气和凝析气田气。

(2)按含硫量分类:按天然气中的含硫量可把天然气分为洁气和酸气。

(3)按烃类组成分类:按烃类含量可将天然气分为干气和湿气或贫气和富气。

2. 其他类型的天然气

除了常见的管输天然气以外,人们使用的天然气还有液化天然气、压缩天然气和可燃冰等不同类型。

3. 影响天然气开发的重要组分

当天然气中有硫化氢、二氧化碳等酸性气体存在时,会对天然气的开发和输送造成很大的影响。含硫化氢的天然气在点燃后会生成二氧化硫,该气体有毒会造成环境污染,它的生成也会对生产造成很大影响。下面分别介绍这些组分:

(1)硫化氢。

中国石油化工集团公司(以下简称"中国石化")的很多气田所产出的天然气中含有不同程度的硫化氢气体,典型的如普光、元坝等,由于硫化氢有剧毒和腐蚀性,当天然气中含有一定量的硫化氢时,会对其开发造成很大影响。

(2)二氧化硫。

在作业现场,含硫化氢的天然气排放到空气中之前必须先点火,硫化氢在点火后会生成二氧化硫,二氧化硫有毒,排放到空气中也会造成一定的风险,在作业中也要加以关注。

(3)二氧化碳。

有时候开发的天然气中会含有一定量的二氧化碳,它溶于水,显酸性,它的存在也会对气井的开发造成一定的影响。

(二)凝析油和原油

在地下构造中呈气态,在开采降温降压时,凝结为液态从天然气中分离出来的轻质石油,称为凝析油。在地下构造中呈液态,开采后在常温常压下也呈液态的以烃类化合物为主的可燃液体是石油,在加工提炼以前称为原油。原油的颜色较深,有黄色、棕黄色、棕褐色、黑褐色、黑绿色等,而凝析油的颜色浅,透明。石油一般比水轻,相对密度介于 0.75~1 之间。凝析油的相对密度比原油小,一般在 0.75 左右。凝析油的燃点比原油的燃点低,更易引起火灾,采集储运中要避免接近明火。

(三)地下水

随气体采出的水根据其来源的不同可分为地表水和地层水。地表水一般是作业过程中由地面带到地下的没有返排干净的水,在天然气开发过程中伴随产出;地层水是与油气藏一起埋藏于地层中的水。目前所发现的气藏80%以上有地层水。地层水的活动对气藏的开采影响很大。它可以分割气藏,使气井过早水淹,降低单井产量,降低气藏最终采收率。因此必须充分注意地层水的活动规律,了解地层水的性质和特征,采取积极措施,延长气藏稳产、高产时间,提高气藏最终采收率。地层水颜色一般较暗,呈灰白色,透明度差,特别是刚从井中出来时混浊不清;由于溶解的盐类多,矿化度高,一般有咸味,也有硫化氢或汽油等特殊气味;化学成分复杂,含元素种类多。地层水中最常见的阳离子有 Na^+,K^+,Ca^{2+},Mg^{2+},H^+,Fe^{2+},阴离子有 Cl^-,SO_4^{2-},CO_3^{2-},HCO_3^-。地层水中以 Cl^- 和 Na^+ 最多,故含盐(NaCl)丰富。

三、井身结构、井口装置及地面流程

气井井下的结构称为井身结构,井口处的设备为井口装置,地面上的设备、设施及连接管线一起称为地面流程。生产时气体要从地层流到井筒,再流至井口,最后到地面流程,因此要掌握气井的生产就必须对气井的井身结构、井口装置及地面流程有一定的了解。

(一)气井井身结构

采气中所说的井身结构除了套管层次、套管下入深度、相应的钻头尺寸和钻头钻入深度、各层套管外水泥浆的返回高度、井底深度或射孔完成的水泥塞深度外,还应有采用何种完井方式、井内完井管柱的构成等。井身结构通常用井身结构示意图表示(见图1-4)。

(二)气井井口装置

气井井口装置由套管头、油管头和采气树组成(见图1-5)。其主要作用是:悬挂油管;密封油管和套管之间的环形空间;通过油管或套管环形空间进行采气、压井、洗井、酸化、加注防腐剂和泡排剂等作业;控制气井的开关,调节压力、流量。

气井井口装置根据压力等级不同,常用的有 21 MPa,35 MPa,70 MPa,105 MPa 和 140 MPa 5 种规格,21 MPa 采气树现场表漆为蓝色,35 MPa,70 MPa,105 MPa 和 140 MPa 表漆为橘红色,分别如图1-6至图1-10所示。

(三)地面流程

把从气井采出的含有液(固)杂质的高压天然气变成适合矿场输送的合格天然气的各种设备组合,称为采气流程。下面介绍几种常见的采、集气地面流程。

1. 低压气井地面流程

低压单井采气地面流程就是在单个采气井井场,安装一套天然气加热、调压、分离、计量和放空等设备。图1-11所示为某低压气井采气流程图。

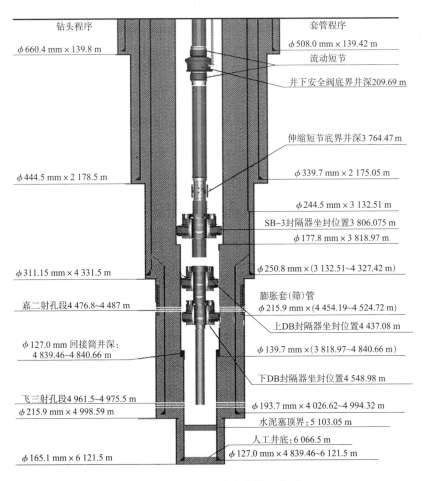

钻头程序　　　　　　　　　　　　　　套管程序

ϕ 660.4 mm × 139.8 m　　　　　　　　　ϕ 508.0 mm × 139.42 m

流动短节

井下安全阀底界井深 209.69 m

伸缩短节底界井深 3 764.47 m

ϕ 444.5 mm × 2 178.5 m　　　　　　　　ϕ 339.7 mm × 2 175.05 m

ϕ 244.5 mm × 3 132.51 m

SB-3封隔器坐封位置 3 806.075 m

ϕ 177.8 mm × 3 818.97 m

ϕ 311.15 mm × 4 331.5 m　　　　　　　ϕ 250.8 mm × (3 132.51~4 327.42 m)

膨胀套(筛)管

嘉二射孔段 4 476.8~4 487 m　　　　　　ϕ 215.9 mm × (4 454.19~4 524.72 m)

上DB封隔器坐封位置 4 437.08 m

ϕ 127.0 mm 回接筒井深:　　　　　　　ϕ 139.7 mm × (3 818.97~4 840.66 m)
4 839.46~4 840.66 m

下DB封隔器坐封位置 4 548.98 m

飞三射孔段 4 961.5~4 975.5 m　　　　　ϕ 193.7 mm × 4 026.62~4 994.32 m

ϕ 215.9 mm × 4 998.59 m

水泥塞顶界: 5 103.05 m

人工井底: 6 066.5 m

ϕ 165.1 mm × 6 121.5 m　　　　　　　ϕ 127.0 mm × 4 839.46~6 121.5 m

图 1-4　×××井井身结构示意图

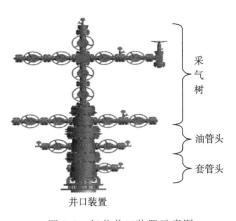

采
气
树

油管头

套管头

井口装置

图 1-5　气井井口装置示意图

图 1-6　21 MPa 采气树

7

图 1-7 35 MPa 采气树

图 1-8 70 MPa 采气树

图 1-9 105 MPa 采气树

图 1-10 140 MPa 采气树

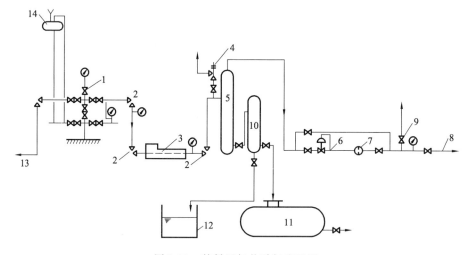

图 1-11 某低压气井采气流程图

1—采气井口;2—针型阀;3—保温套;4—安全阀;5—分离器;6—温度计;7—节流装置;

8—集气管线;9—放空阀;10—计量罐;11—油罐;12—水池;13—井口放空管线;14—缓蚀剂罐

低压单井采气流程中的主要设备有节流阀、水套加热炉、分离器、调压阀、地面安全阀、节流装置、计量仪表和放喷管线等。

2. 高压气井地面流程

与低压气井的采气流程相比,由于高压气井井口压力较高,生产时要采用多级节流降压,同时为了保证流程安全,在井口装置到管汇台之间安装了一套井口安全系统。图 1-12 所示为川东北某高压气井采气流程图。

高压气井流程除具有低压气井具有的节流阀、水套加热炉、分离器、调压阀、地面安全阀、节流装置、计量仪表和放喷管线外,还有井安系统及管汇台等。井安系统是指在流程出现突发事故后,能紧急切断井口和流程的连通,防止气流继续流动的装置,目前普遍使用的有井口安全系统以及安全截断阀;管汇台是由若干个承受压力较高的阀门组成的一组阀门组,用来进行流程倒换,便于清洗、更换和维护保养下游设备。

3. 含硫气井地面流程

对于含硫天然气井的采气流程,与普通气井采气流程相比,增加了脱硫装置部分。目前含硫气井脱硫方式主要分为天然气集中起来的脱硫厂脱硫和针对单井的单井脱硫。单井脱硫使用较多的是脱硫塔脱硫。脱硫塔就是用于盛装脱硫剂的容器,当天然气流经该容器时,天然气中的硫与脱硫剂反应,生成硫化物,从而除去了天然气中的硫。图 1-13 所示为川东北某含硫气井采气流程图。

4. 凝析油气井地面流程

在标准状态下,天然气中凝析油质量浓度大于 50 g/m^3 的气井称为凝析油气井。凝析油气井流程的特点是充分利用高压气节流制冷,大幅度降低天然气温度,以回收凝析油。为了防止生成水合物,节流前应注入防冻剂。图 1-14 所示为凝析油气井采气流程图。

凝析油气井的采气流程设备与一般气井相似,不同的是设置了乙二醇混合室、换冷器、过滤器及凝析油稳定装置等,天然气在流程中进行了多级分离处理。

5. 集输站地面流程

集输站是实现天然气的分离、计量、气量调配与清管等功能的场站。典型的集输站地面流程图如图 1-15 所示。

四、常见采气工艺

气藏所处开采阶段不同、气藏地质特征和开发方式不同,其采气工艺也会不同。不同的采气工艺,主要是通过不同的井下管柱和井口装置来实现的。按照气藏开发的阶段不同可将气藏开采分为初期、中期和末期。按照气藏的地质特征和开发方式不同,又可将气藏开采分为常规气藏开采工艺和非常规气藏开采工艺。下面分别按开发阶段的不同及气藏地质特征和开发方式不同介绍气藏所使用的采气工艺。

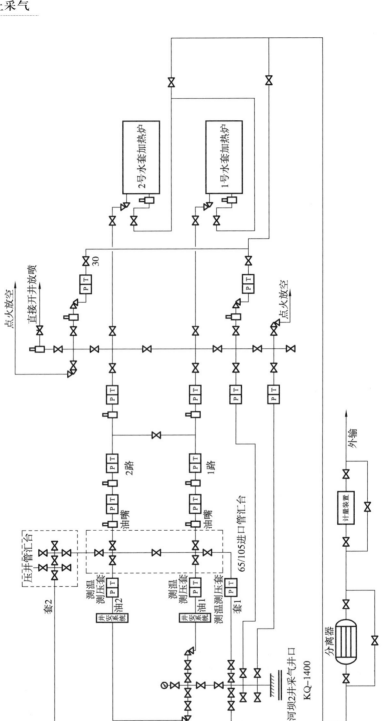

图 1-12　川东北某高压气井采气流程图

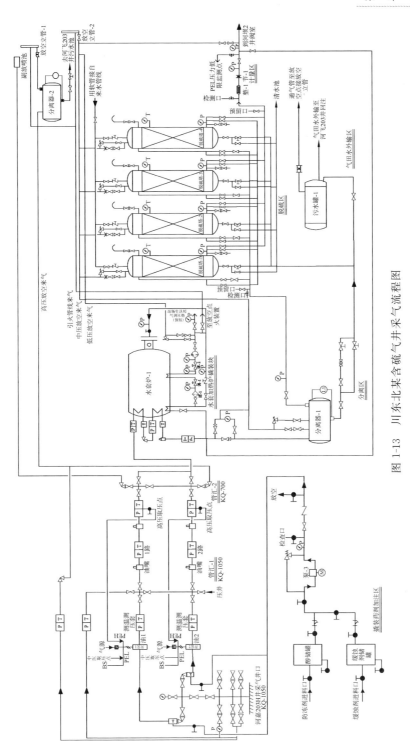

图 1-13　川东北某含硫气井采气流程图

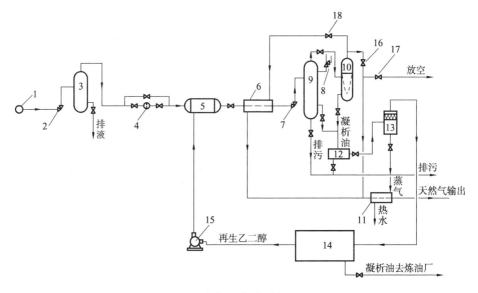

图 1-14 凝析油气井采气流程图

1—气井;2,7—针型阀;3—重力式分离器;4—节流装置;5—乙二醇混合室;6—换冷器;
8—安全阀;9—低温重力分离器;10—低温旋风分离器;11—蒸气换热器;12—集液器;
13—过滤器;14—凝析油稳定装置;15—乙二醇泵;16,17,18—闸阀

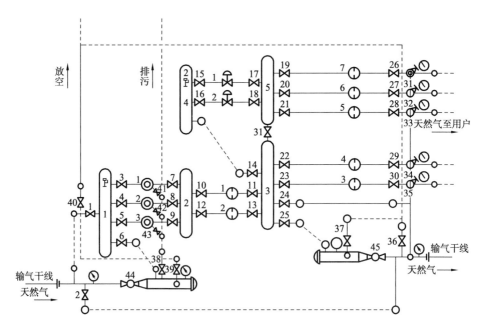

图 1-15 集输站地面流程图

（一）不同开采阶段的采气工艺

在气藏开采的不同阶段,因为地层压力、井口流动压力以及它们和输气压力间关系的不同,所用采气工艺也有所不同。

气藏开发初期,由于地层压力高,井口流动压力大于输气压力,井口压力需经节流降压到输气压力后再安全输出。该阶段的开发特点为:气井普遍采用定产量方式采气;为了保持气井的稳产,在气藏压力降低的同时,采取逐渐加大针型阀开度以降低井口流动压力和井底流动压力的措施进行采气;由于井口流动压力大于输气压力,可以充分利用剩余压力进行节流制冷,回收凝析油和生产石油液化气,或进行余压发电等。

气藏开发中期,井口流动压力等于输气压力,定产量生产末期,气井转入定井口压力生产阶段。该阶段的开发特点为:气井产量下降迅速,全气田进入产量递减阶段,且递减速度越来越快;为了弥补递减,需要再钻一些开发井,从而使采气成本提高。

气藏开采到后期,进入低压小产量生产阶段,这时使用的采气工艺有以下几种:

（1）高、低压分输工艺。根据用户供气需求压力分级安排,对现有的场站和管网加以改造和利用,通过高、低压分输的办法,可在井口压力不变的条件下,提高低压气井生产能力和供气能力,延长气井的生产期。

（2）喷射开采工艺。通过使用喷射器,利用高压井的压力来提高低压气的压力,使之达到输送压力,保持正常生产。

（3）增压开采工艺。气田进入开采末期时,对于剩余储量较大,又不具备上述开采条件的低压气井,通过建立压缩机站将采出的低压气进行增压后进入输气干线或输往用户。建立压缩机站的方式有区块集中增压采气和单井分散增压采气2种。压缩机站投资大,技术复杂,要认真进行技术经济论证,如果气田剩余储量不大,也可以转入就地利用,节约采气费用。

（4）负压采气工艺。通过一定的工艺设备措施,将气井井口的压力由大于或等于大气压降为负压来实现采气。使用该项技术,可使采用常规采气工艺技术无法再生产的低压气井得到进一步利用,从而加快了低压气井的开采速度和提高最终采收率,使有限的能源得到了充分利用。

（二）不同类型气藏的采气工艺

按照地质特征的不同气藏可分为常规气藏和非常规气藏。

1. 常规气藏的开采

常规气藏开采包括无水气藏,有边、底水存在但处于无水采气期或以自喷带水采气开采期为主的气藏的开采。

（1）无水气藏的开采。

无水气藏是指气层中无边、底水和层间水的气藏（也包括边、底水不活跃的气藏）。这类气藏的驱动主要靠天然气弹性能量进行消耗式开采，充分利用气藏的自然能量是合理开发好这类气藏的关键。

（2）有水气藏的开采。

该类气藏有边、底水存在且边、底水活跃，如果措施不当，气层水会过早侵入气井，使气井早期出水，加快气井的产量递减，降低气井的采收率。对这类气藏的开采，目前采用的采气工艺有以下几种：

① 控水采气。通过控制气流带水的最小流量或控制临界压差，来控制气井出水或连续将产出水全部带出。该工艺在气井出水前或出水初期，一般都适用。

② 堵水。该工艺主要用于水窜型气层出水。一是封堵水层，对于出水层段清楚的，直接将出水层段封堵死；二是封堵井底已出水段，对气层钻开程度较大的，通过适当提高人工井底，把水堵在井底以下。

③ 排水采气。一是以气带水，靠气藏自身能量，保持在自然递减下生产；二是放喷降压强排，最大限度地利用自身能量，将井中积液排出，维持生产。具体排水采气所采用的工艺有以下几种：

a. 调整井下设备。通过调整下入井下的油管管径大小和下入深度等，减小流体在油管中的阻力，增加举液能力，从而实现增产、稳产。

b. 降压排液。有2种方式：一种是大压差生产，即开大阀门，增大压差生产；另一种是间断生产降压，即间断性地开大生产阀门排积液，待排完后又关回原状生产，周期性地进行。

c. 井口放空。通过井口进行放空，最大限度地降低井口回压，增强排液能力，放空见雾状水减少后转入正常生产。

2. 非常规气藏的开采

非常规气藏的开采主要指产水气藏且水不能依靠产出气自身能量带出的气井、凝析气藏气井和含硫气藏气井的开采，生产中采用的采气工艺各不相同。

（1）产水气藏气井的开采。

随开采时间的增加和开发程度的加深，气井都将面临产水的问题，气井出水严重后气体自身的能量不足以将水带出井筒，井底就会形成积水，这会对生产造成严重的影响。这类气藏气井的采气工艺有泡沫排水采气、气举排水采气、游梁抽油机排水采气和电潜泵排水采气等。

（2）凝析气藏气井的开采。

标准状态下,天然气中凝析液质量浓度在 50 g/m³ 以上的气藏称为凝析气藏,它是一种特殊的、复杂的且经济价值很高的气藏,开采中同时采出天然气和凝析油。凝析气藏的油气体系在地层条件下处于气态,但当地层压力低于初始凝析压力后,将从气相中析出液态烃,它将黏附在岩石颗粒表面而造成损失,因此,开采凝析气藏具有其特殊性。

凝析气井的开发方式有衰竭式和保持压力式,保持压力式有回注干气式,部分回注干气式和注二氧化碳、氮气等。

（3）含硫气藏气井的开采。

含硫气藏是指产出的天然气中含有硫化氢以及硫醇、硫醚等有机硫化物的气藏。天然气的总压大于等于 0.4 MPa,而且该气体中硫化氢的分压大于等于 0.000 3 MPa,或硫化氢质量浓度大于 75 mg/m³ 的天然气井称为含硫气井。

含硫气藏气井的采气工艺除了与不含硫气井一样的开采方法外,还有 3 个十分重要的问题:防硫化氢中毒、防硫化氢应力腐蚀开裂和防硫元素沉积。

第二节　采气主要设备设施

采气设备设施可分为井下设备设施、井口设备设施及地面流程设备设施 3 部分,下面分别进行介绍。

一、井下设备设施

井下设备设施主要是气井井下管串上的设备设施,对于不同的气井管串,其设备设施不同。

（一）油管柱

对于单一产层的气井,通常采用光油管生产,井下设备就是油管柱。油管柱通常由油管挂、油管、筛管、油管鞋组成,如图 1-16 所示。

（二）常见的井下设备

实际生产用的生产管柱,除了上述油管柱外,根据不同的井下情况,还有不同的井下设备,常用的井下设备有封隔器、井下安全阀、滑套等。

1. 封隔器

封隔器是指具有弹性密封元件,并借此封隔各种尺寸管柱与井眼之间以及管柱之间环形空间,并隔绝产层,以控制产出或注入,保护套管的井下工具。封隔器是完井管柱的一部分,在采气生产过程中,封隔器将多个产层分开,以实现分层开采,避免层间干扰。常用封隔器外观如图1-17所示。

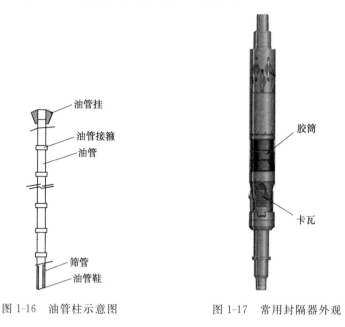

图1-16　油管柱示意图　　　　　图1-17　常用封隔器外观

2. 井下安全阀

井下安全阀就是安装在油管内防止井喷,保证油气井安全生产的设备。当出现井中流体非正常流动、生产设施发生故障、管线破裂等异常时,井下安全阀能够自动关闭,对井中流体的流动进行控制,从而实现安全生产。井下安全阀是高压井、含硫气井完井生产管柱的重要组成部分,一般下在井下150 m左右。井下安全阀按其控制方式分地面液压控制和井下流体自动控制2类,地面液压控制类井下安全阀分钢丝回收式和油管回收式。目前常用的是井下自动控制安全阀,这种安全阀的开关由井内压力、流速变化控制。常见井下安全阀的结构如图1-18所示。

3. 滑套

滑套的主要作用在于连通油管和套管,是水力压裂和采气生产过程中常用的配套工具。按滑套的作用通常可分为循环滑套和喷砂滑套。滑套的开启是通过球坐来实现的,其开启方式是投直径大于球座内径的钢球于管柱中,钢球过滑套后落坐于球座上,从油管内憋压,推动外滑套向下移动,剪断销钉,实现油管和套管环形空间的连通,外滑套落套于管柱上。滑套剖视图如图1-19所示。

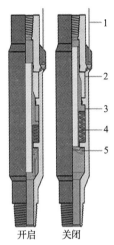

开启　　关闭

图 1-18　井下安全阀结构示意图

1—液压控制管线；2—液压油油腔；3—活塞；
4—阀簧；5—阀瓣

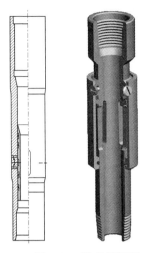

图 1-19　滑套剖视图

（三）气井井下管柱设备组成

1. 常见气井的生产管柱

对于单一产层的气井，通常采用光油管生产管柱。近年来由于气井通常需要进行储层改造后才投产，因此生产管柱一般都含有封隔器。对于双层开采的自喷气井，采用封隔器对上下两层进行隔离，再进行分层压裂改造，下层可通过油管进行压裂及生产，上层可通过环空进行压裂及生产，根据试气、生产情况可决定是否打开循环滑套进行双层合采，对于三层则可采用双封隔器配合压裂并实现三层合采的目的。常见气井的生产管柱如图 1-20 所示。

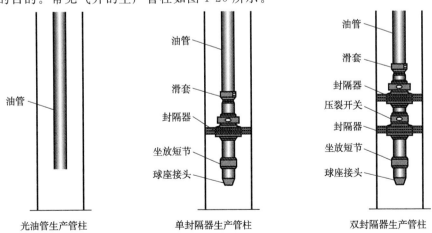

光油管生产管柱　　　单封隔器生产管柱　　　双封隔器生产管柱

图 1-20　常见气井的生产管柱示意图

2. 高压气井生产管柱

高压气藏因地层压力高，为了保证安全生产，生产管柱要求有井下安全阀和封隔器的设计，如图 1-21 所示为某高压气井的生产管柱示意图。对于高温、高压、高含硫气井的完井管柱，规范要求更加复杂，除了有井下安全阀、封隔器外，通常还有用于注入热油混防腐剂的循环管线，以保护油管，如图 1-22 所示为某高压含硫气井的生产管柱示意图。

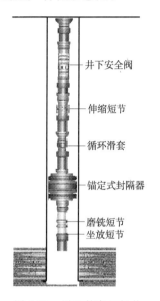

图 1-21 川西某高压气井
生产管柱示意图

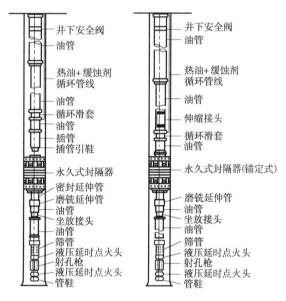

图 1-22 川东北某含硫高压气井
生产管柱示意图

3. 有水气井的生产管柱

对于生产中后期的见水气井，需要进行排水采气作业，常用的排水采气方法有优选管柱法、泡沫排水采气、电潜泵排水采气、抽油机排水采气和气举排水采气等。排水采气方法不同，其生产管柱也不同，几种常见生产管柱分别如图 1-23 至图 1-26 所示。

二、井口设备设施

气井井口装置由套管头、油管头和采气树组成。

(一) 套管头

套管头由套管头本体、套管悬挂器、套管头四通、密封衬套和底座 5 部分组成。常见套管头如图 1-27 所示。

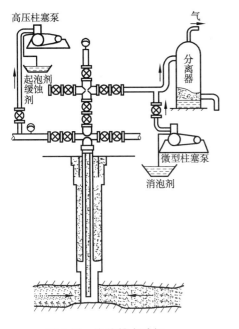

图 1-23 泡沫排水采气

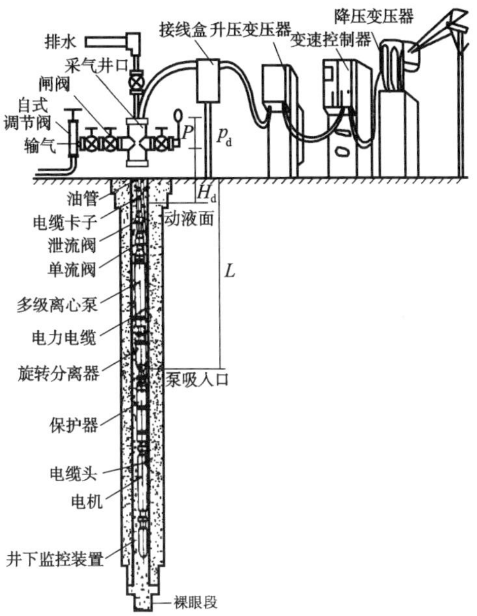

图 1-24 电潜泵排水采气

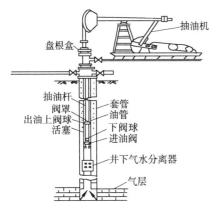

图 1-25 抽油机排水采气

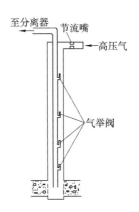

图 1-26 气举排水采气

(二)油管头

油管头由油管头异径连接装置、油管悬挂器、油管头四通、油管头本体和顶丝等组成,通常是一个由上下法兰连接的短节,并带有 2 个环空侧出口,构成一个四通,因此也叫油管四通。常见油管头如图 1-28 所示。

(三)采气树

采气树由闸阀、节流阀和油管四通组成。作用是开关气井,调节压力、气量,循环压井,下井下压力计测量气层压力和井口压力等。常用井口装置如图 1-29 所示。

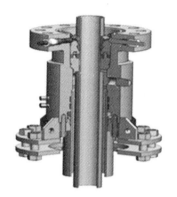

图 1-27　带悬挂器套管头

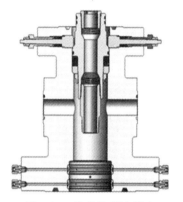

图 1-28　带悬挂器油管头

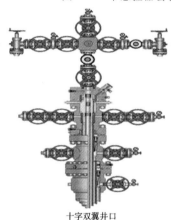

十字双翼井口

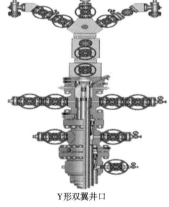

Y形双翼井口

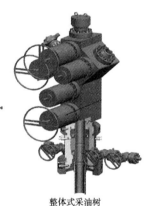

整体式采油树

图 1-29　常见井口装置外形图

三、流程设备设施

气田开发流程设备设施主要有管汇台、加热设备、分离设备、计量装置、汇气管、清管设施和阀门等。

(一)管汇台

管汇台(见图 1-30)主要用于:石油矿场天然气井采气时控制天然气流量;进行多级节流降压;合理实现气体分流;避免井口高处作业;确保气井安全生产。

(二)加热设备

从气井采出的天然气压力高,不能直接进入集输系统输送,必须进行节流降压。气体通过节流阀时,压力降低,体积膨胀,温度急剧下降,在节流阀处可能生成水合物堵塞管道,影响正常生产。为防止水合物的生成,在节流前必须对天然气进行加热,气田开采中常用加热设备是水套加热炉(见图 1-31)。

图 1-30 管汇台   图 1-31 水套加热炉

(三)分离设备

从气井采出的天然气一般都含有液(固)体杂质,这些杂质的存在将给天然气的采输带来较大危害。分离器是目前气田开发工艺中处理天然气中液、固体杂质的主要设备。按其作用原理可分为重力式分离器、旋风式分离器、混合式分离器和过滤式分离器等,目前常用的为重力式分离器,常见的重力式分离器如图 1-32 所示。

卧式重力式分离器   过滤式重力式分离器   立式重力式分离器

图 1-32 各种类型的重力式分离器

(四)计量装置

常用测量天然气流量的仪表有差压式流量计、容积式流量计、质量流量计和速度式流量计。在气田开采中,目前使用最多的是标准孔板节流装置差压式流量计、超声波流量计和涡轮流量计。

1. 差压式流量计

差压式流量计是根据气体通过节流装置时,前后产生的压差与流量成一定比例关系的原理来记录流量的,它主要由节流装置(见图 1-33)、导压管路和差压显示仪表组成。

标准节流装置常用孔板节流装置,孔板节流装置有简易阀式孔板节流装置(简称"简易孔板阀",见图 1-34)和高级阀式孔板节流装置(简称"高级孔板阀",见图 1-

35）2 种。

图 1-33　节流装置

图 1-34　简易孔板阀

图 1-35　高级孔板阀

差压式流量计根据测量记录方式不同,可分为 2 种。

（1）双波纹管差压计。双波纹管差压计主要由测量压力和差压的双波纹管、温度计及求积仪组成（见图 1-36）。用求积仪拉出卡片上的静、差压格数,带入公式计算天然气产量。但设备都是机械式的,准确度低,也很难对流量计系统进行校准,数据采集、处理都是人工进行,人为误差大。

（2）微机计量。由压力、差压和温度变送器及数据采集/处理计算机组成（见图 1-37）。可根据测量的需要选择不同量程和准确度的变送器,以提高流量计系统的准确度和扩大量程;可用科学方法对整个流量计系统进行校准,但设备昂贵,环境要求较严,一次性投资高,大型集输气场站使用较多。

图 1-36　双波纹管差压计

压力、温度变送器

数据采集/处理计算机

图 1-37　微机计量

2. 超声波流量计

超声波流量计适用于各种管径的计量,管径最大为 1 600 mm,管径愈大计量精度愈高,量程比大,可达到 1∶160,同时在计量过程中重复性好,能实现双向流量计量,无压损,不受气质、流态、压力、温度、气体组分等变化的影响;系统的信号接收完全数字化,可将每个脉冲与预设标准进行对比,检测信号质量,可获得高质量的检测结果。由于它具有以上特点,在集气干线的计量中得到广泛应用（见图 1-38）。

（五）汇气管

汇气管是用于平衡天然气压力,按要求分配天然气流量的压力容器设备（见图

1-39）。

图 1-38　超声波流量计

（六）清管设施

管线安装完成投产前和输气管线运行过程之中,都要进行通球清管,以清除输气管内因各种原因而积存的液(固)体杂质,减少流动阻力,提高管输效率,保证安全平稳供气。清管设施包括清管器收发球筒(见图 1-40)、清管器指示器、清管器示踪仪和清管器等。

图 1-39　汇气管

图 1-40　收发球筒

（七）阀门

阀门是流体管路的控制装置,在采输生产过程中发挥着重要的作用。

(1) 阀门的作用。接通和截断介质;防止介质倒流;调节介质压力、流量;分离、混合或分配介质;防止介质压力超过规定数值,保证管道或设备安全运行。

(2) 阀门的分类。根据阀门用途和作用分为 5 类。

截断阀类——主要有闸阀、截止阀、隔膜阀、旋塞阀、球阀和蝶阀等。

止回阀类——包括各种结构的止回阀。

调节阀类——包括调节阀、节流阀和减压阀等。

分流阀类——包括各种结构的分配阀和疏水阀。

安全阀类——包括各种类型的安全阀。

① 闸阀。闸阀也叫闸板阀,是一种广泛使用的阀门,如图 1-41 所示。它的闭合原理是闸板密封面与阀座密封面高度光洁、平整一致,相互贴合,可阻止介质流过,并依靠顶模、弹簧或闸板的模型,来增强密封效果。它在管路中主要起切断作用。

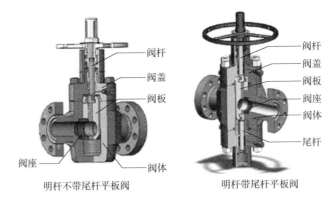

图 1-41　平板阀

② 球阀。球阀是利用一个中间开孔的球体作为阀芯,靠旋转球体 90°来实现阀的开启和关闭。球阀的开孔和连接管道内径可实现一致,主要作用是切断或打开管线介质通道,用于需要清管作业的管道上。球阀分为浮动式球阀和固定式球阀 2 类,如图 1-42 所示。

图 1-42　球阀

③ 节流阀。节流阀用于控制压力和流量的大小,根据使用现场需要调整开关度。采用锥形阀针,阀杆为小螺距螺丝传动,可对天然气的流量、压力进行控制和调节,阀座和阀针采用对焊硬质合金,耐腐蚀和冲刷,阀杆密封盘根可以通过压力自涨式密封。节流阀分为可调节流阀和固定节流阀,固定节流阀常用于管汇台。常用的节流阀如图 1-43 所示。

④ 截止阀(见图 1-44)。截止阀是靠阀瓣沿阀座中心线上下移动实现阀门的开启和关闭。主要优点是密封面间的摩擦力比闸阀小,开启度小,靠阀座和阀瓣之间的接触面密封,易于制造和维修;缺点是流动阻力大,开启和关闭需要的力较大。在管道上主要用于截断介质,也可用于调节流量。

可调节流阀

固定节流阀

图 1-43 节流阀

⑤ 止回阀(见图 1-45)。止回阀是指依靠介质本身流动而自动开、闭阀瓣,用来防止介质倒流的阀门。

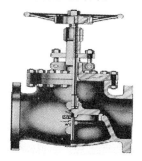

图 1-44 截止阀

图 1-45 止回阀

⑥ 安全阀(见图 1-46)。安全阀是安装在管道和压力容器上,用以保证井站设备不超压工作,超压时泄压报警,保护管道和容器安全的阀门。在采气现场常用的安全阀有弹簧式安全阀和先导式安全阀。

弹簧式安全阀

先导式安全阀

图 1-46 安全阀

⑦ 安全截断阀(见图 1-47)。井口安全截断阀是一种满足石油天然气井场的

必备安全保护设备,是适用于气井、调压站、长输管线等的安全切断装置,以保护管线及设备的安全运行。井场天然气通过采油树经加热炉和一级节流后流向分离器,井场一旦发生超压、输气管路破裂失压或出现火警,只能依靠现场操作人员人工抢险关闭井口装置,极易造成重大生产事故和经济损失。井口安全截断阀是在井场常规工艺流程的基础上加装的安全系统设备,即在采油树后加装截断阀,在一级节流后管路上安装控制压力导管,在火警控制点加装火警易熔塞,管路上的压力通过导管及过滤器直接传递到阀门上的压力感应器上,此时若发生输气管路超压、输气管路破裂失压或出现火警,井口安全截断系统将自动关闭,达到保护井场设备及人身安全的目的,避免能源的大量损失和可能造成的环境污染。

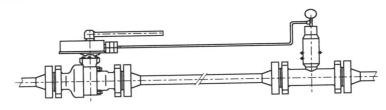

图 1-47　井口安全截断阀

四、其他设备

(1)平衡罐。平衡罐由筒体、进口管、出口管和压力表等组成。作用是将一定量的液体药剂以一定比例混合加入筒体内,通过筒体的出口管,在罐内压力平衡后,液体在自身重力作用下,从套压通道流入井筒内到达井底。在天然气流的搅动下,使药剂在井筒内充分发挥其作用。

(2)化排车。化排车由计量箱、泵、单流阀、压力表、输出管和接头等组成。作用与平衡罐相同。不同点是操作灵活,可移动施工;可从套筒和油管环形空间注入,也可从油管注入。

第三节　采气作业场站布置

采气作业场站就是气田在天然气开采及输配等各个作业环节处理天然气的场所。为了安全生产,在采气作业场站的总体布局及流程设备等布置上都必须符合相关的安全要求。

一、总体布置

采气作业场站的总体布局,在安全方面主要从场站选址和平面布局上进行考虑。

(一)采气作业场站在选址上要考虑的因素

(1)根据气田地面建设总体规划及所在地区的城建规划兼顾集输管网走向。

(2)场站面积应满足总平面布置的需要,并节约用地;应根据建站的要求留出必要的发展用地。在山地、丘陵地区采用开山填沟营造人工场地时,应注意避开山洪流经的沟谷,防止回填土石方塌方、流失,确保填挖方地段的稳定性。

(3)尽量靠近公路,交通便利,尽量具有可靠的供水、排水、供电及通信等条件。

(4)由于天然气场站在生产运行过程中常有易燃易爆、有毒物质溢出,对场站周围环境存在着一定安全隐患,要考虑到场站地段其他企业、建筑物、居民区的安全间距。

(5)各类站场不应在下列区域内选址:

① 发震断层和基本烈度高于 9 度的地震区。

② 较厚的自重湿陷性黄土、新近堆积黄土、一级膨胀土等工程地质恶劣地区。

③ 有泥石流、滑坡、流沙、溶洞等直接危害的地段。

④ 重要的供水水源卫生保护区。

⑤ 国家级自然保护区。

⑥ 对飞机起落、电台通信、电视转播、雷达导航、天文观察等设施有影响的地区。

⑦ 重要军事设施的防护区。

⑧ 历史文物、名胜古迹保护区。

(二)采气站场平面布置

(1)采气站场平面布置的防火间距应符合现行国家标准 GB 50183—2004 的规定。

(2)天然气站场总平面布置应根据其生产工艺特点、火灾危险性等级、功能要求,结合地形、风向等条件,经技术经济比较确定。

(3)可能散发可燃气体的场所和设施,宜布置在人员集中场所及明火或散发火花地点的全年最小频率风向的上风侧。

(4)天然气站场内的锅炉房、35 kV 及以上的变(配)电所、加热炉、水套炉等有明火或散发火花的地点或设施,宜布置在站场或油气生产区边缘。

(5)采气站场平面布置应与工艺流程相适应,便于生产管理,方便维护。宜根据不同生产功能和特点分别集中布置,功能分区明确,形成不同的生产区和辅助生

产区。

（三）油气生产设施布置

（1）油气生产设施宜布置在人员相对集中和有明火产生场所的全年最小频率风向的上风侧，并且宜布置在储油罐区、油品装卸区的全年最小频率风向的下风侧。

（2）加热炉宜布置在场区边缘，并应位于散发油气的设备、容器、储油罐的全年最小频率风向的上风侧。

（3）进出站场的油气管线阀组应靠近站界。

（4）大型油气站场的中心控制室在总平面布置中应符合下列规定：

① 应靠近主要油气生产工艺装置的操作区，并应符合国家现行有关爆炸危险场所划分标准和防火规范的要求。

② 应布置在油气生产工艺装置、储油罐区和油品装卸区全年最小频率风向的下风侧。

③ 周围不应有造成地面产生振幅为 0.1 mm，频率为 25 Hz 以上的连续性振源。

④ 不宜靠近主干道，如不能避免，控制室外墙距主干道边缘不应小于 10 m。

（5）控制室不应与高压配电室、压缩机室、鼓风机室和化学药品库毗邻布置。

（6）控制室与化验室等设在同一栋综合建筑物内时，它们宜成为该综合建筑物中相对独立的单元。

二、采气场站流程布置

按 HSE 管理要求，下面对采气场站流程、集输场站流程及增压场站流程布置分别进行介绍。

（一）采气场站流程布置

（1）功能分区：采气场站内按各类设施和工艺装置进行功能分区，一般分为生产区和生活区。生产区一般分为高压区、工艺设备区、值班控制室等。高压区包括采气井口、节流管汇台和采气管线、超压截断阀等装置，高压区所有设备设计压力应大于或等于气藏最高压力。工艺设备区包括保温设备、节流降压设备、分离设备、计量设备、安全泄压设备、凝析液回收装置、点火放空设备、安全监护设备设施和值班控制室。生活区包括供水、供电、后勤保障等，一般布置在全年最小频率风向的下风侧。

（2）采气场站内部主要设备、建（构）筑的安全间距要求。

按 GB 50183—2004 规定执行，现以五级站为例，其相关要求是：

采气井口距节流管汇台不小于 5 m，距水套炉不小于 9 m，距值班控制室不小于 3 m,距生活区不小于 20 m,距含油污水罐不小于 20 m,距配电房不小于 15 m。水套炉距含油污水罐不小于 30 m,距仪表间值班控制室不小于 10 m。火炬和放空管宜布置在站场外地势较高处,距石油天然气站场的间距为 10~40 m。火炬或放空管距明火点不小于 25 m。

(3)采气场站内的设备、管线及仪表的安装规定。

管道布局应按走向集中布置成管带,平行于建筑、道路;管道可采取架空安装,管底距地面不小于 2.2 m,使用管墩敷设时管底距地面不小于 0.3 m;管线埋地敷设时,管道交叉垂直净空不小于 0.15 m,电力电缆净空不小于 0.5 m,直埋通信电缆不小于 0.5 m,套管通信电缆不小于 0.15 m,多条管线同沟敷设时,平面间距不得小于 1 倍管线直径且不小于 0.15 m。管线不得穿越采气作业无关建筑物,其他距离符合《油气集输设计规范》(GB 50350—2005);水套炉、分离器等设备基础墩每台设备不能超过 2 个。

采气场站根据周围环境,在保证安全生产,便于管理的前提下,一般应设置围墙,围墙采用耐火材料修建,高度一般为 2.2 m,可视环境情况增加或降低高度,在围墙上设置一个主要进出口,在全年最小频率风向下风侧设置最少一个紧急出口通向场站外面地势较高处,以防止天然气泄漏时对人员造成伤害。

采气场站要考虑到防洪、排涝、防雷电的设施(尤其是山区井站)。

(二)集输场站流程布置

集输场站设施在采气场站的基础上,还包括压力调配装置、清管装置、阴极保护装置等,其布置及安装除了执行采气场站中的相关规定之外,还应注意以下几点:

(1)压力调配。来自多个采气场站的天然气,由于各井压力、产量不同和输气管线压力流量不同,在集输站内应设置压力调配系统,以满足各输气管线或下游净化厂对压力的要求。

(2)清管装置。为提高输气干线管输效率,应定期清除干线中的杂质(水合物、凝液和其他机械杂质),因此在输气场站内应设置清管装置。清管工艺应采用不停气密闭清管流程。清管器收发筒上的快速开关盲板不应正对间距小于等于 60 m 的居住区或建(构)筑物区。清管装置的安装必须有完整的收发装置且用地锚固定牢固,防止伤人,球阀应灵活,能全开全关且无内漏现象,有完善的旁通和放空、排污系统,在发球端旁通有完善的计量装置。

(3)集输场站一般要配有阴极保护装置,采用外加电源阴极保护时需保证有不间断供电的电源,阴极保护装置一般建在防火区以外。

阴极保护准则:① 施加阴极保护后,使用铜-饱和硫酸铜参比电极(以下简称 CSE 参比电极)测得的极化电位至少达到 −850 mV 或更负,为避免被保护体防腐

层产生阴极剥离,阴极保护的极化电位不应过负。推荐阴极保护的极化电位为-1 200～-850 mV。② 阴极保护参数的测试应符合现行国家标准。

(三)增压场站流程布置

天然气增压场站选址应注意噪音、振动对环境造成的影响,结合生产实际情况、经济指标核算合理选择。增压场站布置时主要注意以下几方面:

1. 压缩机房设计相关规定

压缩机房建筑平面、空间布置要满足工艺流程设备布置、设备安装和维修的要求。

(1)厂房高度保证起吊物最低点距离固定部件 0.5 m。

(2)压缩机房应设置起重设备。

(3)压缩机房一般温度较高,易聚集废气和可燃气体,因此必须设置通风装置,通风设计应符合下列规定:

① 对散发有害物质或有爆炸危险气体的部位,应采取局部通风措施,使建筑物内的有害物质浓度符合现行国家标准,并应使气体浓度不高于其爆炸下限浓度的 20%。

② 对建筑物内大量散发热量的设备,应设置隔热设施。

③ 对同时散发有害物质、气体和热量的部位应全面通风。

④ 对可能有气体积聚的地下、半地下建(构)筑物内,应设置固定的或移动的机械排风设施。

2. 压缩机组的安全保护规定

(1)压缩机出口与第一个截断阀之间应装设安全阀和放空阀,安全阀的泄放能力应不小于压缩机的最大排量。

(2)每台压缩机组应设置下列安全保护装置:

① 压缩机气体进口应设置压力高限、低限报警和低限越限停机装置。

② 压缩机气体出口应设置压力高限、低限报警和低限越限停机装置。

③ 压缩机的原动机(除电动机外)应设置转速高限报警和超限停机装置。

④ 启动气和燃料气管线应设置限流及超压保护设施。燃料气管线应设置停机或故障时的自动切断气源及排空设施。

⑤ 压缩机组润滑系统应有报警和停机装置。

⑥ 压缩机组应设置振动监控装置及振动高限报警、超限自动停机装置。

⑦ 压缩机组应设置轴承温度及燃气轮机透平进口气体温度监控装置,温度高限报警、超限自动停机装置。

⑧ 离心式压缩机应设置喘振检测及控制设施。

⑨ 压缩机组的冷却系统应设置振动检测及超限自动停车装置。

⑩ 压缩机组应设置轴位移检测、报警及超限自动停机装置。

⑪ 压缩机的干气密封系统应有泄放超限报警装置。

3. 增压站工艺及辅助系统的设计要求

在增压站天然气进口段应设置分离过滤设备,如分离器、聚集器等,处理后的天然气气质满足压缩机对气质的要求;场站内各环节应合理布置,尽量减少场站内压力损失,总压降不得大于 0.25 MPa;压缩机组出口气体温度较高,一般设置冷却器,冷却方式可选用风冷式或水冷式,选择水冷式时,需要足够的冷却循环水和补充水源。采用燃气机为动力的压缩机组,燃料气应从压缩机进口截断阀前总管中取出,并应设置减压和计量设备,进入压缩机房和各机组前应设置截断阀,燃料气供应满足燃气机对气质的要求。以燃气为动力的压缩机组的进气应设置空气过滤系统,废气排放口应高于新鲜空气进气口,宜位于当地最小频率风向的上风侧,进气口和排放口应有足够距离,避免废气重新吸入进气口。

4. 增压场站内管线的安装要求

站内管线安装设计应采用减小振动和热应力的措施。压缩机进、出口的配管对压缩机连接法兰所产生的应力应小于压缩机技术条件的允许值,管线的连接方式除因安装需要采用螺纹或法兰连接外均应采用焊接。

增压场站排出的废水、废气及废渣等物质,应进行无害化处理或处置,并应符合下列要求:(1) 污水外排时,应符合现行国家标准 GB 8978《污水综合排放标准》的要求;(2) 废气外排时,应符合现行国家标准 GB 16297《大气污染物综合排放标准》的有关规定;(3) 有害废弃物(渣、液)应经过妥善的预处理后进行填埋处理;(4) 输气站噪声的防治应符合现行国家标准 GB 12348《工业企业厂界噪声标准》的有关规定。

第四节 岗位设置及 HSE 职责

一、岗位设置

采气作业一般为采气厂模式,采气厂的基层队主要为采气大队,采气大队常见的岗位设置为:队长、党支部书记、副队长、技术负责人、工会主席、办公室主任、办公室办事员、车班班长、驾驶员、质量安全环保员、技术组组长、油(气)藏工程人员、采气工程人员、仪表检定技术人员、资料收集与整理人员、设备管理员、物资采购员、仓库保管员、会计、出纳、气田维护工、仪器/仪表维护工、油气管道安装工、焊工、电工、班组长、采气工、压缩机工。其中班组长、采气工、压缩机工为采气作业现场的主要岗位。

本节就采气作业现场主要岗位的基本条件及岗位 HSE 职责进行介绍。

二、岗位基本条件

采气作业现场主要岗位的基本条件见表1-1。

表1-1　采气作业现场主要岗位的基本条件

岗位要求	岗位类别		
	班组长	采气工	压缩机工
文化要求	中技（或高中）及以上	中技（或高中）及以上	中技（或高中）及以上
持证要求	压力容器操作证、油田企业 HSE 培训合格证、中国石油化工集团公司井控培训合格证、硫化氢防护技术培训证书（含硫区域）、中级工及以上、采气工上岗证	压力容器操作证、油田企业 HSE 培训合格证、中国石油化工集团公司井控培训合格证、硫化氢防护技术培训证书（含硫区域）、采气工上岗证	压力容器操作证、油田企业 HSE 培训合格证、中国石油化工集团公司井控培训合格证、硫化氢防护技术培训证书（含硫区域）、天然气压缩机操作工职业资格证书、采气工上岗证
工作经历	从事采输气井站工作3年以上	实习期满，能独立解决工作中的一般问题	在采气工岗位工作2年以上，且取得采气初级工资格
身体素质	年满18周岁,身体健康,取得二级甲等及以上医院的健康证明,无职业禁忌证	年满18周岁,身体健康,取得二级甲等及以上医院的健康证明,无职业禁忌证	年满18周岁,身体健康,取得二级甲等及以上医院的健康证明,无职业禁忌证
专业知识	① 熟悉采输配气站工艺流程及操作规程。 ② 有较高文化素质。 ③ 具有职业卫生、安全生产、消防、环保、清洁生产等方面的知识	① 熟悉所在井站的工艺流程及操作规程。 ② 熟练掌握本站事故应急预案	① 熟悉各项安全法规及压缩机组操作规程。 ② 了解压缩机组各部件名称、型号、构造及发生次序,发动机的基本原理。 ③ 了解所在站的流程、设备并能熟练操作,能处理生产中的一般问题,懂得一般的消防知识

岗位要求	岗位类别		
	班组长	采气工	压缩机工
工作能力	① 具有判断处理本井站生产异常的应急处理能力。 ② 具有一定的组织、协调能力。 ③ 具有培训新进员工业务技能技巧的能力。 ④ 具有一定的语言、文字表达能力	① 具有处理生产中一般问题的能力。 ② 懂得一般消防知识,能正确使用消防器材。 ③ 具有维护保养本站设备、设施的能力。 ④ 具备协助站长进行应急抢险的能力	① 能在机组运行过程中发现和判断主要机件的一般异响和不正常情况,并能进行调整和修理。 ② 熟练掌握本站事故应急预案,具备协助站长进行应急抢险的能力。 ③ 具有维护保养本站设备、设施的能力

三、岗位 HSE 职责

(一) 班组长的 HSE 职责

(1) 严格遵守国家法律法规及企业规章制度,持证上岗。遵守劳动纪律,不违章作业,执行、落实好企业和本单位对安全生产的指令和要求,并对本岗位的健康、安全、环保、生产负直接责任。

(2) 全面负责站内的日常工作安排,做好本站、班组的健康、环保、安全工作。每周召开一次本站、班组生产、安全、井控会议,组织井控学习、井控专项检查等安全活动,并做好记录,提出改进安全生产工作的意见和建议。坚持班前讲安全、班中讲安全、班后安全总结。

(3) 熟悉站内各种仪表、设备、流程的基本情况。严格执行各项规章制度、操作规程。对违章作业有权制止,并及时报告。

(4) 每年组织一次对站场及管道的危害识别、风险评价工作,遇到生产、技术、设备、工艺发生变更,需立即开展危害识别、风险评价工作,负责建立本站重大及不可容忍风险控制、改进措施清单和重大环境因素清单。对隐患及时进行整改,不能整改的编制防范措施、应急预案。

(5) 认真做好本站员工的传、帮、带工作。对新工人(包括实习、代培人员)进行班组、岗位安全教育。每月组织开展一次岗位技术练兵,开展一次应急演练。

(6) 抓好本站健康、安全、消防、综治工作,负责消防器材的维护、保养,加强原油管理工作。检查监督本站、班组岗位人员正确使用和管理好劳动保护用品、各种防护器具及消防器材。

（7）组织分解本站的 QHSE 目标，并负责落实、完成。对最终产品质量有影响的关键过程、特殊过程进行有效控制。带领全站人员搞好环境卫生，清洁生产。

（8）发生事故时，立即启动应急预案，开展现场应急处置，并同时向领导报告，维护好现场，救护伤员，等待救援，直至应急解除，恢复生产。

（9）落实好直接作业的监护工作。

（二）采气工的 HSE 职责

（1）严格遵守国家法律法规及企业规章制度，持证上岗。遵守劳动纪律，不违章作业，并对本岗位的健康、安全、环保、生产负直接责任。

（2）上岗必须按规定着装，正确使用各种设备、仪表、防护器具和消防器材。认真执行 QHSE 体系，严格按操作规程办事，做好每班安全交接工作。保持作业环境整洁，搞好清洁文明生产。

（3）按时、认真进行巡回检查，发现异常情况及时处理和报告。

（4）对外来人员做好安全告知、登记、接待工作，严格执行门禁制度。

（5）负责所采集数据的准确与完整，并进行整理和上报，负责气井稳产工艺实施，确保气井工作制度执行。

（6）积极参加各种安全活动、岗位技术练兵和应急预案演练。加强站内巡查，做好综合防范工作。

（7）有权拒绝违章作业的指令，对他人违章作业加以劝阻和制止。协助站长搞好本井站安全及油料管理工作。

（8）正确分析、判断和处理各种事故苗头，把事故消灭在萌芽状态。在发生事故时，及时如实地向上级报告，按应急预案正确处理，并保护好现场，做好详细记录。

（9）做好直接作业的监护工作，落实各项防范措施。

（三）压缩机工的 HSE 职责

（1）严格遵守国家法律法规及企业规章制度，持证上岗。遵守劳动纪律，不违章作业，并对本岗位的健康、安全、环保、生产负直接责任。

（2）上岗必须按规定着装，正确使用各种设备、仪表、防护器具和消防器材。认真执行 QHSE 体系，严格按操作规程办事，做好每班交接工作。保持作业环境整洁，搞好清洁文明生产。

（3）按时认真进行巡回检查，发现异常情况及时处理和报告。对高温高压、易燃易爆、电气安全、机械安全进行危害识别、风险评价，制定切实有效的防范措施。

（4）对外来人员做好安全告知、登记、接待工作，严格执行门禁制度。

（5）负责所采集数据的准确与完整，并进行整理和上报，负责按增压工艺实施，确保压缩机正常运行。

（6）积极参加各种安全活动、岗位技术练兵和应急预案演练。加强站内巡查，做好综合防范工作。

（7）有权拒绝违章作业的指令，对他人违章作业加以劝阻和制止。协助站长搞好本井站安全及油料管理工作。

（8）正确分析、判断和处理各种事故苗头，把事故消灭在萌芽状态。在发生事故时，及时如实地向上级报告，按应急预案正确处理，并保护好现场，做好详细记录。

（9）认真学习并执行用火作业、进入受限空间作业等直接作业环节的安全管理制度和规定，不违章作业。严格对压缩机组维护、保养、定期检修，协助站长搞好本站安全。

（10）做好直接作业的监护工作，落实各项防范措施。

第二章 危害识别

规范地进行操作、准确地分析危害结果和原因,是采气作业中做好 HSE 管理工作的关键。本章将介绍采气作业中主要物质的危害以及采气作业过程中各作业环节可能产生的危害及其原因。

第一节 主要物质的危害

采气生产中,接触到的主要物质有天然气、产出水、凝析油或原油、硫化氢、二氧化碳、二氧化硫、机械杂质以及生产过程中注入的化学药剂等,这些物质对于安全生产、环境保护及人员健康都存在一定的危害。

一、天然气

天然气是以碳氢化合物为主的可燃性混合气体,以甲烷为主,占总体积的 85% 以上,其次是乙烷、丙烷、丁烷等。此外还含有少量其他物质,如氮气、硫化氢、二氧化碳、一氧化碳、水蒸气、氧气、有机硫等。采气作业中天然气的危害主要表现在以下几个方面:

1. 引发火灾和爆炸

天然气遇明火时,可能引发火灾。常温常压下,当天然气与空气的混合物中天然气的体积分数达到 5%~15% 时,在遇火源的情况下可能产生爆炸。

2. 使人和动物中毒

当天然气中含有硫化氢、一氧化碳等有毒气体时,由于井喷、跑、冒、滴、漏等原因,使工作环境充满了有毒气体,在无防护措施的情况下人和动物将有中毒风险。另外,当所处环境天然气浓度很高时,氧的含量相对较少,会出现虚弱、眩晕(最初可出现头痛、头晕、乏力)等脑缺氧症状,进一步加重,可迅速出现嗜睡、昏迷等症状。

3. 腐蚀生产设施

当天然气中含有硫化氢或二氧化碳时,在湿环境下,天然气即可能对生产设施产生腐蚀。湿硫化氢环境下对金属的腐蚀形式有电化学腐蚀、硫化物应力腐蚀开裂和氢脆等。

4. 污染环境

当天然气中含有硫化氢、二氧化硫、有机硫等物质时,一旦进入大气,将污染空气,下雨时形成酸雨,破坏土壤和生态,对环境造成污染。

二、产出水

采气作业时从气井中产出的水有2类:一类是与天然气或石油埋藏在一起,具有特殊化学成分的地下水;另一类是由于钻井作业或增产作业等从地面注入地下,替喷作业没有完全替完,随天然气开采一同采出的水。产出水颜色一般较暗,呈灰白色,透明度差,溶解的盐类多,矿化度高,一般有咸味,也有硫化氢或汽油等特殊气味。采气作业中产出水的危害主要表现在以下几个方面:

1. 污染水体环境

由于产出水里含有大量的气态、液态和固态的链烷烃和芳香族烃类物质,当这些物质进入水域后,由于自然降解而需耗用大量的氧气,致使被地层水污染的水域出现局部缺氧状态,水体水质恶化、腐化,使水生植物的光合作用遭到破坏,水生动物则因缺氧而死亡,导致生态系统失衡。另外,天然气产出水还具有一定毒性,被鱼类摄入后会导致中毒,影响生长并有异味,成为油臭色而不能食用。

2. 污染土壤

产出水中含有大量的有机物质,当其进入土壤后,会附着于植株上或渗透到植物体内,直接影响植物的生长;另一方面,这些有机物质覆盖土壤而产生阻塞作用,隔绝氧气供给,促进土壤的还原作用,使水温、地温升高,危害作物的生长发育,从而对正常的土壤环境造成污染。

3. 形成火灾隐患

产出水表面有时会形成大量油膜,由于油膜易燃,可能成为火灾隐患,直接危及人类的生命和财产安全。

4. 腐蚀金属设备

由于产出水中含有二氧化碳、硫化氢或残酸等物质,因而多表现出酸的特性,将会对井下管柱和地面流程中的金属设备造成腐蚀。

三、原油或凝析油

气井采气中有时有原油或凝析油伴随产出。凝析油颜色浅、透明,燃点较原油燃点低,更易引起火灾,采集储运中要避免明火接近,有些气田凝析油中含有少量含硫物质。原油大都呈流体或半流体状态,颜色多是黑色或深棕色,并有特殊气味。原油含胶质或沥青质越多,颜色越深,气味也越浓;含硫化物和氮化物多则发出臭味。采气作业中原油或凝析油的危害主要表现在以下几个方面:

1. 引发火灾和爆炸

凝析油燃点较低,遇明火极易发生火灾。凝析油和原油都是以碳氢化合物为主的可燃性物质,在一定温度下,能蒸发出大量的蒸气,当火灾发生后,由于火灾引发的高温、大量能量的聚集,易引发爆炸。

2. 静电荷集聚危害

凝析油和原油产品的电阻率都很高,电阻率越高,电导率越小,积累电荷的能力越强,因此,其在泵送、灌装和装卸等作业过程中,流动摩擦、冲击和过滤等都会产生静电,静电聚集的危害主要是静电放电,如果静电放电产生的电火花能量达到或超过油品蒸气的最小点火能,就会引起燃烧或爆炸。

3. 对水体和环境的污染

与产出水对水体和环境的危害相同。

四、硫化氢

硫化氢是一种无色、剧毒、可燃、具有典型臭鸡蛋气味、密度比空气略大、可溶于水的酸性气体。硫化氢的毒性很强,其毒性是一氧化碳的 $5\sim6$ 倍,几乎与氰化物相当;硫化氢的臭鸡蛋气味在低浓度[$0.13\sim4.6$ ppm(1 ppm$=10^{-6}$,下同)]时可闻到,当其浓度高于 4.6 ppm 时,由于人的嗅觉迅速钝化而感觉不出,因此不能靠气味的有无来判断硫化氢的有无;当硫化氢以适当的比例与空气或氧气混合时,点燃后就会发生爆炸,并产生有毒的二氧化硫气体;硫化氢气体可溶于水、乙醇、石油溶剂和原油,其水溶液对金属具有较强的腐蚀作用。采气作业中硫化氢的危害主要表现在以下几个方面:

1. 影响人体健康

硫化氢进入人体后,将与血液中的溶解氧产生化学反应。当硫化氢浓度极低时,将被氧化,对人体威胁不大;而浓度较高时,将夺去血液中的氧,使人体器官因缺氧而中毒,甚至死亡;如果吸入高浓度(美国政府工业卫生专家联合会确定 300 ppm 或更高的硫化氢浓度为立即危及生命和健康的暴露值)硫化氢,中毒者会迅速倒地,失去知觉,伴随剧烈抽搐,瞬间呼吸停止,继而心跳停止。此外,硫化氢中毒还可引起流泪、畏光、结膜充血、水肿、咳嗽等症状。中毒者也可表现为支气管炎或肺炎,严重者可出现肺水肿、喉头水肿、急性呼吸综合征,少数患者会有心肌及肝脏损害。

2. 腐蚀金属、非金属材料

硫化氢溶于水后形成弱酸,对金属的腐蚀形式有电化学腐蚀、氢脆和硫化物应力腐蚀开裂,以后两者为主,一般统称为氢脆破坏。氢脆破坏往往造成井下管柱的突然断落、地面管汇和仪表的爆破、井口装置的破坏,甚至发生严重的井喷失控事故等。在地面设备、井口装置、井下工具中,有橡胶、浸油石墨、石棉等非金属材料制作的密封件,它们在硫化氢环境中使用一定时间后,橡胶会产生鼓泡胀大、失去弹性,浸油石墨、石棉绳上的油被溶解等,导致密封件失效。

3. 引起火灾和爆炸

硫化氢具有可燃、密度比空气大的特性,因此硫化氢很容易在低洼处聚集,若遇火源会发生燃烧;当硫化氢和空气的混合物中硫化氢的体积分数达到 $4.3\%\sim46\%$ 时,一旦遇火源即可引起强烈爆炸。

4. 污染环境

由于硫化氢在大气中很快被氧化为二氧化硫,这使得局部大气中二氧化硫的浓度升高,二氧化硫在空气中氧化生成 SO_4^{2-},形成酸雨,污染环境,对动、植物产生危害。

五、硫沉积

当地层温度和压力较高时,元素硫溶解在天然气中。随着天然气采出地面,压力和温度逐步降低,一方面天然气本身溶解元素硫的能力会降低,另一方面不稳定的硫化氢会发生分解,因此将不断有元素硫生成并溶解在未饱和的天然气中,当超过天然气的溶解度后,元素硫会以单体形式析出,一旦条件满足,这些固体硫就会在地层、井筒或地面管线中沉积。硫沉积的危害主要表现在以下几个方面:

1. 堵塞油管及管线

管线堵塞会导致天然气的生产减缓甚至停滞。硫也可能在压力表或传感器处沉积造成堵塞,使生产参数异常或无法录取参数,从而影响生产。

2. 降低地层渗透率

元素硫在孔隙喉道中沉积会堵塞天然气的渗流通道,降低地层渗透率,从而影响气井产能。

3. 严重的腐蚀性

含硫天然气具有腐蚀性,少量元素硫的引入对许多腐蚀合金钢的抗环境开裂能力有不利的影响。

六、铁的硫化物

含硫化氢的天然气在集输、储存和净化生产过程中,不可避免地要与硫元素频繁接触,硫元素与器壁上的铁元素长期相互作用,将会有硫化亚铁生成,由于硫化亚铁着火点低,很容易自燃,因此铁的硫化物的主要危害是操作不当极易引发火灾和爆炸。需特别强调的是,硫化物自燃时并不出现火焰,只发热到炽热状态,就足以引起可燃物质着火。尤其是当容器中还有少量的石油产品,其蒸气浓度达到爆

炸极限时,或是在混有可燃气体的空气中,便可发生自燃而引起火灾或爆炸。

七、二氧化碳

二氧化碳是一种无色、无味、无毒的气体,高浓度时略带酸味,密度比空气略大,不能燃烧,常压下便能冷凝成固体,俗称干冰,微溶于水(体积比为1∶1),部分生成碳酸,溶解度随温度的升高而降低,随压力的升高而增大。二氧化碳与水在一定条件下可形成水合物,并对井下设备及集输设备等产生腐蚀作用。二氧化碳的危害主要表现在以下几个方面:

1. 腐蚀金属

天然气中的二氧化碳溶于水生成碳酸,而引起电化学腐蚀。根据腐蚀的不同形态,有全面腐蚀和局部腐蚀。根据介质温度的差异,腐蚀又可以分为3种情况:温度较低时,主要发生金属的活性溶解,对碳钢发生全面腐蚀;在中间温度区,金属由于腐蚀产物在表面的不均匀分布,主要发生局部腐蚀;高温时,腐蚀产物可以较好地沉积在金属的表面,从而抑制金属的腐蚀。根据SY 7515—1989,天然气中二氧化碳分压大于0.1 MPa有明显腐蚀作用;二氧化碳分压为0.05~0.1 MPa应考虑腐蚀作用;二氧化碳分压小于0.05 MPa一般不考虑腐蚀作用。当二氧化碳和硫化氢共存时,二氧化碳可加速硫化氢对金属的腐蚀。

2. 危害人体健康

少量的二氧化碳对人体是没有危害的,但是当人体吸收二氧化碳达到一定量时会造成呼吸困难,窒息,血液供氧不足而头晕,甚至死亡。低浓度二氧化碳对呼吸中枢有兴奋作用,高浓度时能阻止呼吸中枢,浓度特高时对呼吸中枢有麻痹作用。二氧化碳中毒绝大多数为急性中毒。试验证明,氧充足的空气中二氧化碳体积分数为5%时对人尚无害;但是,氧体积分数为17%以下的空气中含有4%(体积分数)的二氧化碳,即可使人中毒。缺氧可造成肺水肿、脑水肿、代谢性酸中毒、电解质紊乱、休克、缺氧性脑病等。二氧化碳达到窒息浓度时,人不可能有所警觉,往往尚未逃走就已中毒和昏倒。如需进入含有高浓度二氧化碳的场所,应该先进行通风排气,通风管应该放到底层;或者戴上能供给新鲜空气或氧气的呼吸器,才能进入。二氧化碳对人身体最大的危害是使人窒息死亡。

3. 污染环境

在自然界中二氧化碳含量丰富,为大气组成的一部分。二氧化碳也包含在某些天然气或油田伴生气中以及碳酸盐形成的矿石中。二氧化碳被认为是造成温室效应的主要来源,可形成酸雨。

八、二氧化硫

二氧化硫是一种无色、有刺激性气味、有毒、易液化、密度比空气大的气体,容

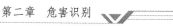

易与水结合生成亚硫酸,具有中等程度的腐蚀性,可以缓慢地与空气中的氧结合,生成腐蚀性和刺激性更强的硫酸。二氧化硫的危害主要表现在以下几个方面:

1. 危害人体健康

二氧化硫随同空气被吸入人体,可直接作用于呼吸道黏膜,也可以溶于体液中,引发或加重呼吸系统的种种疾病,如鼻炎、气管炎、哮喘、肺气肿等,二氧化硫对皮肤和眼结膜具有强烈刺激作用,会降低免疫功能和抗病能力。

2. 危害植物

植物对二氧化硫敏感,主要通过叶面气孔进入植物体。如果二氧化硫的浓度和持续时间超过了植物本身的自解机能,就会破坏植物正常生理功能,使光合作用降低,影响体内物质代谢和酶的活性,从而使叶细胞发生质壁分离、崩溃、叶绿素分解等,叶片出现伤斑、枯黄、卷、落、枯死等现象。

3. 污染环境

二氧化硫与水结合生成亚硫酸,二氧化硫在空气中氧化生成 SO_4^{2-},形成酸雨,从而对环境产生污染。

九、化学药剂

在采气过程中,若气井出水较多,为了提高采气效率,有时还会用到一些化学药剂,如气井固体泡沫排水剂 XHG-2-8A、气井液体泡沫排水剂 XHY-2、油气井用有机硅消泡剂 XXP-1、油溶性破乳剂 PR-1 等。由于这些化学药剂组分的特殊性,对生产作业也存在一定的风险,在使用过程中要倍加小心。化学药剂在采气作业中的危害主要表现在以下几个方面:

1. 危害人体健康

当眼睛和皮肤接触这些化学药剂后,会刺激人体造成中毒,如不及时处理,还可能会引起眼组织的伤害;如果误食,会刺激胃肠道,引起头痛、恶心、眩晕、呕吐或肺炎等;吸入时会刺激鼻子和咽喉,引起头疼、头晕、眩晕和呼吸困难。所以操作时要求穿戴面罩、防护服、眼镜、手套及靴子。

2. 污染环境

高浓度时可能对水体生态环境造成危害,因此这些化学药剂要避免进入下水道或直接排放到自然界中。

十、机械杂质

大多数气井生产时都有部分机械杂质采出,如地层砂在气流的冲刷作用下随天然气气流一并采出、生产设备在生产过程中形成的金属碎屑等。这些物质具有一定的粒径和强度,它们的存在将使正常的生产存在一定的风险,主要表现在以下

几个方面：

1. 冲蚀生产设备，影响安全生产

机械杂质随高速气流冲刷在生产设备内壁，将会产生强大的破坏作业，使设备内壁产生冲蚀现象，降低其承压能力，影响安全生产，尤其在管道或设备的弯头和流速、方向有较大改变处，冲蚀现象更是严重。

2. 堵塞设备，影响正常生产，形成安全隐患

当机械杂质较多或较大时，容易在节流处形成堵塞现象，造成节流前异常高压，影响正常生产，形成安全隐患。机械杂质对压力表接头、调压阀喷嘴等处的堵塞，将会影响准确测压和生产压力的调节等。

第二节　采气作业危害

在采气作业过程中，天然气与空气混合易形成爆炸性混合物，遇火源极易爆炸、燃烧；未经净化的天然气可能含有硫化氢，泄漏后会引起中毒或窒息。另外，物体打击、机械伤害、灼烫、高处坠落、触电、低温冻伤以及雷击等现象也有可能发生。

采气作业的主要危害有：井喷与井喷失控的危害；天然气水合物的危害；气体冲蚀的危害；天然气、凝析油泄漏的危害；火灾、爆炸的危害；中毒和窒息的危害；触电的危害；物体打击的危害；机械伤害的危害；高处坠落的危害；环境污染的危害；电磁辐射的危害；静电的危害；烧伤、灼伤、烫伤和中暑的危害；雷电的危害；噪声的危害；管线承压失效、设备老化的危害。当气井含硫化氢等物质时，由于硫化氢的存在，还可能形成环境污染和人员中毒等危害。下面对不同作业环节过程中可能产生的危害进行介绍。

一、开关井

1. 高压气井开井

高压气井开井的操作步骤、危害结果和原因分析见表 2-1。

表 2-1　高压气井开井的操作步骤、危害结果和原因分析

操作步骤	危害结果	原因分析
准备工作	中毒，火灾，人身伤害	未正确穿戴劳保用品或选择、使用工具、用具不当，操作含硫气井时未正确佩戴合格防护用品和检测器具

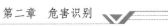

续表 2-1

操作步骤	危害结果	原因分析
操作确认	人身伤害,设备损坏	不熟悉施工场地、流程,不清楚作业内容和步骤,违反安全标准化操作规程
开井前检查	环境污染,人身伤害	安全阀未处于工作状态,未对设备进行检查,排污阀、放空阀未关闭
接开井指令	生产事故	未接收正确指令擅自操作;人员配备不充分,分工不清楚
启用水套炉	冰堵,水套炉炉膛爆炸,人身伤害	水套炉水位高度不够,燃气压力不合要求,水套炉点火错误
导通流程	人身伤害	操作开关阀门时人体正对阀杆,未按要求开启各级阀门导通流程
建立背压	阀门操作困难	未建立背压
开井	人身伤害,设备损坏	未搭建操作台,阀门开启顺序错误,操作阀门时人体正对阀杆
各级调压	爆炸,人身伤害	不熟悉开井方案,不能准确调节节流阀,各级节流压差过大,形成水合物,管道冰堵,超压;未开启阀门憋压;操作开关阀门时人体正对阀杆
启动流量计	计量仪表损坏,计量不准确	压力、产量调节未平稳就开启流量计,启用流量计操作步骤错误,计量仪表选择不符合工况要求
调产	生产事故	未按照开井方案调产
开井标识	人身伤害,误操作	没有及时更换开关标识牌,阀门状态不清
记录	影响气井动态分析等事故	未正确记录或没有记录

2. 高压气井关井

高压气井关井的操作步骤、危害结果和原因分析见表 2-2。

表 2-2　高压气井关井的操作步骤、危害结果和原因分析

操作步骤	危害结果	原因分析
准备工作	中毒,火灾,人身伤亡	未正确穿戴劳保用品或选择、使用工具、用具不当,操作含硫气井时未正确佩戴合格防护用品和检测器具
操作确认	人身伤害,设备损坏	不熟悉施工场地、流程,不清楚作业内容和步骤,违反安全标准化操作规程
关井前检查	人身伤害,设备损坏	安全阀未处于工作状态;未对设备进行检查,不能及时发现安全隐患
接关井指令	生产事故	未接收正确指令擅自操作;人员配备不充分,分工不清楚
关井口	人身伤害,设备损坏	未搭建操作台,阀门关闭顺序错误,操作阀门时人体正对阀杆
停计量仪表	仪表损坏	停用流量计操作步骤错误
停水套炉	人员伤亡,设备损坏	未按时间长短正确停用水套炉,排污;未关闭气源
分离器排污与计量	环境污染,人身伤害	操作开关阀门时人体正对阀杆,没有及时更换开关标识牌,没有对分离器进行排污与计量,排污未按操作规程进行
开放空阀放空	人员伤亡,环境污染	点火程序错误,未对放空点火
填好原始记录	影响气井动态分析	未正确录取资料或资料录取不全

3. 低压气井开井操作

低压气井开井操作的操作步骤、危害结果和原因分析见表 2-3。

表 2-3　低压气井开井的操作步骤、危害结果和原因分析

操作步骤	危害结果	原因分析
准备工作	中毒,火灾,人身伤害	未正确穿戴劳保用品或选择、使用工具、用具不当,操作含硫气井时未正确佩戴合格防护用品和检测器具

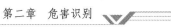

操作步骤	危害结果	原因分析
操作确认	人身伤害,设备损坏	不熟悉施工场地、流程,不清楚作业内容和步骤,违反安全标准化操作规程
开井前检查	环境污染,人身伤害	安全阀未处于工作状态,未对设备进行检查,排污阀、放空阀未关闭,未倒通气流通道,没有关闭油嘴前控制阀门
接开井指令	气井开井误操作	未接收正确指令擅自操作;人员配备不充分,分工不清楚
流程导通	人身伤害	阀门开启顺序错误造成超压引起管线爆裂,操作开关阀门时人体正对阀杆
开井	人员伤亡,设备损坏	操作开关阀门时人体正对阀杆
调整节流阀开度	超压,爆炸,人身伤害	不熟悉开井方案,不能准确调节节流阀;操作开关阀门时人体正对阀杆
启动流量计	计量仪表损坏,计量不准确	压力、产量调节未平稳就开启流量计,启用流量计操作步骤错误,计量仪表选择不符合使用要求
调产	生产事故	未按照开井方案调产
开井标识	人身伤害,误操作	没有及时标识阀门工作状态
记录	影响气井动态分析结果	未正确记录或没有记录

4. 低压气井关井

低压气井关井的操作步骤、危害结果和原因分析见表 2-4。

表 2-4　低压气井关井的操作步骤、危害结果和原因分析

操作步骤	危害结果	原因分析
准备工作	中毒,火灾,人身伤害	未正确穿戴劳保用品或选择、使用工具、用具不当,操作含硫气井时未正确佩戴合格防护用品和检测器具

续表 2-4

操作步骤	危害结果	原因分析
操作确认	人身伤害,设备损坏	不熟悉施工场地、流程,不清楚作业内容和步骤,违反安全标准化操作规程
关井前检查	人身伤害,设备损坏	安全阀未处于工作状态;未对设备进行检查,不能及时发现设备安全隐患
接关井指令	生产事故	未接收正确指令擅自操作;人员配备不充分,分工不清楚
关井口	设备损坏,人身伤害	未按正确顺序关闭井口阀门
停计量仪表	仪表损坏	停用流量计操作步骤错误
停水套炉	人身伤害,设备损坏	未按时间长短正确停用水套炉,排污;未关闭气源
放空,分离器排污与计量	环境污染,人身伤害	未按操作规程进行排污操作,未对排污池周边进行警戒
开放空阀放空	人身伤害,环境污染	未按照放空点火操作规程进行操作,未对放空区域进行警戒
填好原始记录	影响气井动态分析	未记录关井相关数据资料

二、排水采气

1. 启动游梁式抽油机排水采气

启动游梁式抽油机排水采气的操作步骤、危害结果和原因分析见表 2-5。

表 2-5　启动游梁式抽油机排水采气的操作步骤、危害结果和原因分析

操作步骤	危害结果	原因分析
准备工作	中毒,火灾,人身伤害	未正确穿戴劳保用品或选择、使用工具、用具不当
操作确认	误操作,生产事故	未做好下游联系工作,流程未倒通,施工地点、时间、设备台次不清楚,操作内容和步骤不清楚,违反安全标准化操作规程

操作步骤	危害结果	原因分析
启动前检查	设备损坏,触电,机械伤害,环境污染	悬绳器不正常,皮带轮卡阻未排除;润滑油量不够;电气设备漏电;戴手套及手抓皮带盘皮带;设备周围有妨碍运转的物体;光杆密封盒密封不好
倒换流程	人身伤害,环境污染	开关阀门站位错误;倒流程错误,憋压;排污放空阀未关闭,跑、冒、滴、漏
启动开抽	设备损坏,人身伤害,触电	连续启动 3 次以上没有正常启动也未停机检查;平衡块下有人员站立;操作时未戴绝缘手套
开抽后检查	触电,人身伤害	长头发未盘入安全帽内或劳保用品穿戴不整齐,接触旋转部位;进入旋转部位危险区域或悬绳器碰伤;电气设备、线缆老化裸露漏电
警示标识	人员伤亡	操作者离井时未悬挂警示牌
记录	影响气井动态分析	未正确记录或没有记录

2. 停用游梁式抽油机排水采气

停用游梁式抽油机排水采气的操作步骤、危害结果和原因分析见表 2-6。

表 2-6 停用游梁式抽油机排水采气的操作步骤、危害结果和原因分析

操作步骤	危害结果	原因分析
准备工作	中毒,火灾,人身伤害	未正确穿戴劳保用品或选择、使用工具、用具不当
操作确认	人身伤害,设备损坏	未做好下游联系工作,施工地点、时间、设备台次不清楚,操作内容和步骤不清楚,违反安全标准化操作规程
按停止按钮	触电伤亡;抽油机下一次启动困难	操作时未戴绝缘手套,未检测电控柜外壳是否漏电,以确认安全;驴头停止位置不正确

续表 2-6

操作步骤	危害结果	原因分析
刹紧刹车	设备损坏,人身伤害	未检查清理抽油机周围障碍物就刹车,导致刹车失灵、溜车
警示标识	人员伤亡	未在相应位置悬挂安全警示标识
停抽后检查	机械伤害,触电,设备损坏,环境污染,人身伤害	刹车未刹紧,未拉闸断电就进行设备检查;未对设备进行维护保养,带压操作
倒换流程	人身伤害,环境污染	未核实井号,倒流程时未先开后关;开阀门时未侧身平稳操作;违反操作规程
记录	影响气井生产动态正确分析;设备运行资料不齐全	未记录气井生产前、后数据;未记录运行数据

3. 启动电潜泵

启动电潜泵的操作步骤、危害结果和原因分析见表 2-7。

表 2-7 启动电潜泵的操作步骤、危害结果和原因分析

操作步骤	危害结果	原因分析
准备工作	中毒,火灾,人身伤害	未正确穿戴劳保用品或选择、使用工具、用具不当
操作确认	人身伤害,设备损坏	未做好下游联系工作,施工地点、时间、设备台次不清楚,操作内容和步骤不清楚,违反安全标准化操作规程
启动前检查	触电,设备损坏,人身伤害	操作时未戴绝缘手套;电气设备电源不通,设备不能正常启动;漏电;电气参数和控制参数不符合启动要求,拉、合闸站位不当
流程倒换	憋压,设备损坏,人身伤害	未倒通流程或开井操作步骤错误

续表 2-7

操作步骤	危害结果	原因分析
启动	设备损坏	油管内压力不为零;按启动电钮后安培表电流居高不下或未在设定值运行频率时没有立即停止设备运行;机组关闭半小时内重新启动机组;重复启动机组;私自改变机组负载、过载稳定值等参数
打开高压柜,合上控制器电源开关	触电伤亡	高压柜漏电
设备运行记录	设备运行记录缺失	未按规定录取相关生产和设备运行数据

4. 电潜泵停机

电潜泵停机的操作步骤、危害结果和原因分析见表 2-8。

表 2-8　电潜泵停机的操作步骤、危害结果和原因分析

操作步骤	危害结果	原因分析
准备工作	中毒,火灾,人身伤害	未正确穿戴劳保用品或选择、使用工具、用具不当
操作确认	误操作,生产事故	未做好下游联系工作,施工地点、时间、设备台次不清楚,操作内容和步骤不清楚,违反安全标准化操作规程
停机	触电伤亡,设备损坏	电气设备漏电,停机半小时内启机或频繁启停设备
关控制器总开关	触电伤亡	电气设备漏电
关外部电源空气开关	触电伤亡	电气设备漏电
关闭油管闸阀,关闭生产流程	刺漏伤人,污染环境	倒流程错误,憋压;操作人员站位不符合要求;阀门开关顺序错误;关井操作流程错误;排污、放空不符合操作规范
设备运行记录	设备运行记录缺失	未按规定录取相关生产和设备运行数据

5. 水淹停喷井或间歇生产井气举

水淹停喷井或间歇生产井气举的操作步骤、危害结果和原因分析见表 2-9。

表 2-9　水淹停喷井或间歇生产井气举的操作步骤、危害结果和原因分析

操作步骤	危害结果	原因分析
准备工作	中毒,火灾,人身伤害	未正确穿戴劳保用品或选择、使用工具、用具不当,操作含硫气井时未佩戴齐硫化氢检测和防护器具或使用过期器具
操作确认	人身伤害,设备损坏	不熟悉施工内容和步骤,违反安全标准化操作规程
关闭计量仪表	计量仪表损坏	未关闭计量仪表
开气源井	气举管道泄漏、爆管,环境污染,人员中毒	打开气源井过猛;对于含硫气井,作业过程中硫化氢泄漏
打开被举井套管阀门	激动气井	被举井套管阀门打开过猛
开启被举井	刺坏生产阀门	先开针型阀,再开生产阀门
观察压力	影响生产分析	未观察压力,无压力记录
开启气举管道计量仪表	损坏计量仪表	开启计量仪表操作不当
分离器排水	环境污染	液面过高,污水翻塔
开启被举井计量仪表	损坏计量仪表	气举未稳定就开启计量仪表
填写记录	影响生产分析	无记录造成资料缺失

6. 气举井停举关井

气举井停举关井的操作步骤、危害结果和原因分析见表 2-10。

表 2-10　气举井停举关井的操作步骤、危害结果和原因分析

操作步骤	危害结果	原因分析
准备工作	中毒,火灾,人身伤害	未正确穿戴劳保用品或选择、使用工具、用具不当,操作含硫气井时未正确佩戴合格防护用品和检测器具

续表 2-10

操作步骤	危害结果	原因分析
操作确认	气举井误操作,生产事故,人员伤亡	不清楚气举井井号,不熟悉施工场地、流程,不清楚作业内容和步骤及气举生产时间,违反安全标准化操作规程
关闭气源井	刺坏气源井控制阀	关闭控制阀顺序错误(由外到内)
关闭被举井	刺坏井口阀门	被举井阀门关闭未按照由外到内的顺序进行
停气举管道计量仪表	仪表损坏	操作不当
管道泄压	环境污染	泄压过猛
停被举井计量仪表	仪表损坏	操作不当
记录	影响后期生产动态分析	无生产数据记录或漏失

7. 泵注发泡剂

泵注发泡剂的操作步骤、危害结果和原因分析见表 2-11。

表 2-11 泵注发泡剂的操作步骤、危害结果和原因分析

操作步骤	危害结果	原因分析
准备工作	中毒,火灾,人身伤害	未正确穿戴劳保用品或选择、使用工具、用具不当,操作含硫气井时未正确佩戴合格防护用品和检测器具
操作确认	气举井误操作,生产事故,人员伤亡	不清楚操作井井号,不熟悉施工场地、流程,不清楚作业内容和步骤及药剂用量,违反安全标准化操作规程
启泵前检查	环境污染,憋泵	未检查消泡剂罐各阀门开关状态,各连接处有无跑、冒、滴、漏现象;管路阀门未全通
发泡剂配比	达不到预期效果	发泡剂与水配量比例不符合使用要求

续表 2-11

操作步骤	危害结果	原因分析
启泵	发生憋压,管线爆裂	不熟悉施工内容和步骤,违反安全标准化操作规程,井口旋塞阀未开
停泵	打击伤害,环境污染	未停泵就关闭井口旋塞阀,憋压,高压软管未泄压就进行拆除,高压软管甩出伤人或管内高压液体喷出伤人
打扫场地,记录	人身伤害,影响发泡剂使用效果分析	未打扫现场,操作人员踩踏地面发泡剂摔伤;没有相关数据记录

三、加热、分离及计量

1. 启动水套加热炉

启动水套加热炉的操作步骤、危害结果和原因分析见表 2-12。

表 2-12 启动水套加热炉的操作步骤、危害结果和原因分析

操作步骤	危害结果	原因分析
准备工作	中毒,火灾,人身伤害	未正确穿戴劳保用品或选择工具、用具不当,对于硫化氢井未使用硫化氢防护用品或使用的防护用品不合格
操作确认	出现误操作,设备损坏	未确定操作确认,未进行设备状况及操作程序确认
排空	炉膛内有残余天然气	未排空或排空时间不够
关闭水套炉排污阀	烧坏设备	未关排污阀,造成设备干烧
向水套炉加水	堵塞	加水未淹过盘管,加热时升温不够
调节燃气压力	热效率低,火焰不能正常燃烧	燃气压力过高或过低
点燃火把,伸进炉膛火嘴口	爆燃	未进行排空、排空时间不够或先开气后点火造成炉膛内天然气与空气的混合比达到了爆炸范围

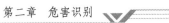

操作步骤	危害结果	原因分析
开启燃气控制阀门	火焰熄灭	开气过猛造成火苗熄灭
调节配风门开度	热效率低,火焰不能正常燃烧,积炭	空气与天然气的混合比不对,天然气未能达到最好的燃烧状态
带负荷	堵塞	水套炉升温不够就投产,气体因为节流效应在管道中形成堵塞
回收工具、用具、油料	环境污染	未能妥善处理操作中产生的废弃物
记录	生产资料不全影响生产分析	未记录或记录不全

2. 停用水套加热炉（长期停用）

停用水套加热炉的操作步骤、危害结果和原因分析见表 2-13。

表 2-13 停用水套加热炉的操作步骤、危害结果和原因分析

操作步骤	危害结果	原因分析
准备工作	中毒,火灾,人身伤害	未正确穿戴劳保用品或选择、使用工具、用具不当,对于硫化氢井未使用硫化氢防护用品或使用的防护用品不合格
操作确认	操作失误,影响生产	未进行操作前确认误停水套炉
温炉	资源浪费	未关小炉火造成天然气浪费
排水	影响水套炉热效率	水量过少会影响除垢效果
加药	影响水套炉热效率	药量过少影响除垢
煮炉	影响水套炉热效率	火焰太小,煮炉时间不够,影响除垢
排污,加水	影响水套炉热效率	排量不够,水未排尽影响除垢效果;加水量不够,与水垢接触面太少,除垢效果差
再次加药	影响水套炉热效率	加药量过少
再次煮炉	影响水套炉热效率	煮炉时间不够,影响除垢

续表 2-13

操作步骤	危害结果	原因分析
排水	影响水套炉热效率	排量不够,含污垢水未排尽影响除垢效果
烘干水套炉	水套炉腐蚀	水套炉内有水形成电化学腐蚀
熄火	水套炉损坏	未关灭火焰
回收工具、用具,清洁场地	环境污染	未能妥善处理操作中产生的废弃物
记录	生产资料不全,影响生产分析	未记录或记录不全

3. 水套加热炉反吹法解堵（高压管线）

水套加热炉反吹法解堵的操作步骤、危害结果和原因分析见表 2-14。

表 2-14　水套加热炉反吹法解堵的操作步骤、危害结果和原因分析

操作步骤	危害结果	原因分析
准备工作	为操作留下火灾、人身伤害隐患	未正确穿戴劳保用品或选择、使用工具、用具不当,对于硫化氢井未使用硫化氢防护用品或使用的防护用品不合格
操作确认	误操作	未确定操作的必要性,未确定设备正常与否和操作过程的正确性
停计量仪表	仪表损坏	停仪表时操作过猛或操作错误
关井	物体打击,环境污染,人身伤害	关阀门时人体正对阀杆,阀杆打出;放喷点上游端气源未能截断
关水套炉针型阀	环境污染	放喷点下游端气源未能截断
开管汇台放喷针型阀	针阀刺坏伤人	管汇台阀门控制人员操作针型阀后站位不对
开水套炉针型阀吹扫堵塞管段	人员窒息,物体打击	放空时操作人员未站在上风口,天然气浓度升高后造成缺氧;进行高压泄压及放喷时,放喷管弯头或出口处固定不牢;各弯头气流流动方向或气流出口处有人

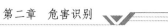

续表 2-14

操作步骤	危害结果	原因分析
流程恢复	人员伤亡	流程恢复时操作错误,流程未能导通,形成憋压
回收工具、用具,清洁场地	环境污染	未能妥善处理操作中产生的废弃物
记录	生产资料不全影响生产分析	未记录或记录不全

4. 分离器排污

分离器排污的操作步骤、危害结果和原因分析见表 2-15。

表 2-15　分离器排污的操作步骤、危害结果和原因分析

操作步骤	危害结果	原因分析
准备工作	留下人身伤害隐患	未正确穿戴劳保用品或选择、使用工具、用具不当,对于硫化氢井未使用硫化氢防护用品或使用的防护用品不合格
操作确认	误操作	未确定该操作的必要性以及操作过程的正确性
排污前检查	人身伤害,设备损坏	排污管线摆动,污水池附近排污时有人通过
开启平板阀	阀门刺坏,阀门丝杆打出伤人	未全开平板阀,开关阀门时正对阀杆阀门丝杆打出
开启排污节流阀	环境污染,设备损坏,人员伤亡,中毒(硫化氢井)	排污阀开启过猛,污水飞溅;未按操作规程操作阀门;操作时正对阀门阀杆;含硫气井硫化氢泄漏
关闭排污阀	阀门刺坏	未按开关顺序操作
回收工具、用具,清洁场地	环境污染	未能妥善处理操作中产生的废弃物
记录	生产资料不全	未记录或记录不全

5. 用活塞式压力计测量井口压力

用活塞式压力计测量井口压力的操作步骤、危害结果和原因分析见表 2-16。

表 2-16　用活塞式压力计测量井口压力的操作步骤、危害结果和原因分析

操作步骤	危害结果	原因分析
准备工作	火灾,人身伤害	未正确穿戴劳保用品或选择、使用工具、用具不当,对于硫化氢井未使用硫化氢防护用品或使用的防护用品不合格
操作确认	误操作,人身伤害	未确定该操作的必要性,未确定操作过程的正确性与安全性
活塞式压力计使用前准备	测量结果不准,活塞式压力计损坏,测量失败	未将活塞式压力计放于测压操作台上,压力计不水平;测量前未关闭活塞计上所有针型阀,连接上井口后形成冲击;油杯中油量不够,测压时加压工作无法完成
记录井口压力		
拆卸井口压力表	物体打击	卸表前表内残余压力未泄尽
连接井口与活塞式压力计	人身伤害,物体打击	① 连接不紧造成泄漏。② 测井口压力前,置于压力计托盘上的砝码未能高于井口压力(即卸表前的压力)1 MPa 左右,造成井内压力不能得到有效平衡,砝码打出
吸油排空	测量不准	使用之前未放空油路中的空气
开井口测压仪表阀	物体打击	开测压仪表阀过快
开压力计上测压阀和连通阀	设备损坏,人身伤害	开压力计上测压阀和连通阀过快
测压	物体打击	减砝码过快,井内压力不能有效平衡,物体打出
关闭井口测压阀	人身伤害	井口测压阀未能完全关闭
回油		

续表 2-16

操作步骤	危害结果	原因分析
装井口压力表,恢复计量	井口压力记录缺失	未及时回装井口压力表
拆除压力计	设备损坏	活塞式压力计是一种精密仪器
清洁场地,收拾工具、用具	环境污染	未能妥善处理操作中产生的废弃物
记录	生产资料不全	未记录或记录不全

6. 清洗检查标准孔板节流装置

清洗检查标准孔板节流装置的操作步骤、危害结果和原因分析见表 2-17。

表 2-17　清洗检查标准孔板节流装置的操作步骤、危害结果和原因分析

操作步骤	危害结果	原因分析
准备工作	火灾,人身伤害,自燃	未正确穿戴劳保用品或选择、使用工具、用具不当,对于硫化氢井未使用硫化氢防护用品或使用的防护用品不合格
操作确认	误操作	未确定该操作的必要性以及操作过程的正确性
倒流程、吹扫	流程损坏,刺漏,物体打击,人身伤害	倒流程错误,憋压;开关阀门时正对阀杆
停双波纹管差压计	仪表损坏	未停仪表放空造成仪表损坏
放空,泄压	物体打击	泄压不全造成压板、螺栓等组件飞出
清洗、检查孔板	计量不准	孔板不合格或放入方向错误造成计量误差
验漏	火灾爆炸	天然气泄漏未能及时发现,遇到火源发生火灾与爆炸
启动双波纹表	仪表损坏	启表过快造成仪表损坏
回收工具,清场	环境污染	未能妥善处理操作中产生的废弃物
记录	生产资料不全	未记录或记录不全

7. 清洗检查高级阀式孔板节流装置

清洗检查高级阀式孔板节流装置的操作步骤、危害结果和原因分析见表2-18。

表2-18　清洗检查高级阀式孔板节流装置的操作步骤、危害结果和原因分析

操作步骤	危害结果	原因分析
准备工作	火灾,人身伤害	未正确穿戴劳保用品或选择、使用工具、用具不当,对于硫化氢井未使用硫化氢防护用品或使用的防护用品不合格
操作确认	人身伤害,设备损坏	未确定该操作的必要性以及操作过程的正确性
停表	仪表损坏	操作过猛造成仪表损坏
取出孔板	物体打击,设备损坏	取出孔板时上阀腔内压力未泄尽,造成孔板导板和孔板飞出;操作上、下齿轮轴或滑阀齿轮轴时卡住,造成齿的损坏
清洗,检查	环境污染,计量不准确,设备损坏	清洗的油处置不当,造成环境污染;孔板检查结果不正确,安装方向错误,造成计量偏差;清洗检查孔板时操作错误,造成孔板或O形密封圈损坏
放入孔板	物体打击,设备损坏	盖板、压板未完全封闭就给上阀腔充压,造成孔板导板和孔板飞出;操作上、下齿轮轴或滑阀齿轮轴时卡住,造成齿的损坏
注脂	泄漏	未按要求注脂造成滑阀泄漏
验漏	火灾爆炸	未验漏或验漏不全造成阀门泄漏(验漏应该包括盖板和滑阀)
启动计量装置	仪表损坏	启动计量装置时操作失误,造成仪表损坏
回收工具,清场	环境污染	未能妥善处理操作中产生的废弃物
记录	生产资料不全	未记录或记录不全

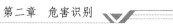

四、维护保养

1. 更换压力表

更换压力表的操作步骤、危害结果和原因分析见表 2-19。

表 2-19　更换压力表的操作步骤、危害结果和原因分析

操作步骤	危害结果	原因分析
准备工作	中毒,火灾,人身伤害	未正确穿戴劳保用品或选择、使用工具、用具不当,对于含硫气井未佩戴齐硫化氢检测和防护器具或使用不合格器具
操作确认	人身伤害,设备损坏	① 不熟悉操作内容和步骤,误操作。 ② 违反安全标准化操作规程。 ③ 未确定天然气是否含有害物质
拆卸压力表	人身伤害	① 操作时正对阀杆,阀杆及手柄飞出。 ② 拆卸压力表前未关取压阀,未泄压激空。 ③ 扳手不合适和操作错误,接头螺帽扳滑。 ④ 压力表拆卸后未摆放合适
安装压力表	人身伤害,设备损坏	① 未选择合适量程、型号的压力表。 ② 密封垫选择不合理。 ③ 密封垫添加超过 2 个。 ④ 安装后未验漏或验漏不仔细。 ⑤ 未核对拆卸前压力。 ⑥ 读取压力值方法不正确,压力值读取有误
回收工具、用具、仪表	环境污染,人身伤害	未回收工具、仪表,清理场地
记录	人身伤害,设备损坏	信息不全造成误操作、误判断

2. 更换阀门

更换阀门的操作步骤、危害结果和原因分析见表 2-20。

表 2-20 更换阀门的操作步骤、危害结果和原因分析

操作步骤	危害结果	原因分析
准备工作	中毒,火灾,人身伤害	未正确穿戴劳保用品或选择、使用工具、用具不当,对于含硫气井未佩戴齐硫化氢检测和防护器具或使用不合格器具
操作确认	人身伤害,设备损坏	① 不熟悉操作内容和步骤,误操作。 ② 违反安全标准化操作规程。 ③ 未确定天然气是否含有害物质
停计量仪表	设备损坏	关计量仪表过猛造成计量仪表波动、超限
切断气源	人身伤害,设备损坏	设备、管道内外来气源未完全切断,无法进行下一步操作
泄压	人身伤害,环境污染,人员中毒	未泄压造成天然气泄漏;未排尽余气;含硫气井作业过程中硫化氢泄漏
拆卸	人身伤害	拆卸不当螺栓打滑,阀腔内余气未排尽,闸板卡死,阀门掉地
清洗	设备损坏,密封不严	未清洗法兰密封面,泄漏刺坏密封面
安装	设备损坏,法兰泄漏	型号规格选择不合适,安装方向错误,螺栓未对角、均匀紧固,法兰间隙不一致,未活动阀门阀杆
验漏	人身伤害,环境污染,人员中毒	未验漏或验漏不仔细,造成天然气泄漏;对于含硫气井,作业过程中硫化氢泄漏
回收工具、用具、油料	环境污染,人身伤害	未回收工具、油料,清理场地
记录	人身伤害,设备损坏	信息不全造成误操作、误判断

3. 更换针型阀

更换针型阀的操作步骤、危害结果和原因分析见表 2-21。

表 2-21　更换针型阀的操作步骤、危害结果和原因分析

操作步骤	危害结果	原因分析
准备工作	中毒,火灾,人身伤害	未正确穿戴劳保用品或选择、使用工具、用具不当,对于含硫气井未佩戴齐硫化氢检测和防护器具或使用不合格器具
操作确认	人身伤害,设备损坏	① 不熟悉操作内容和步骤,误操作。 ② 违反安全标准化操作规程。 ③ 未确定天然气是否含有害物质
停计量仪表	设备损坏	关计量仪表过猛造成计量仪表波动、超限
切断气源	人身伤害,设备损坏	设备、管道内外来气源未完全切断,无法进行下一步操作;开关阀门时人体正对阀杆
泄压	人身伤害,环境污染,人员中毒	未泄压造成气体泄漏、瞬间释放;未排尽余气;对于含硫气井,作业过程中硫化氢泄漏
拆卸	人身伤害	拆卸不当螺栓打滑,阀腔内余气未排尽,阀针卡死,阀门掉地
清洗	设备损坏,密封不严	未清洗法兰密封面
安装	设备损坏,法兰泄漏	型号规格、安装方向错误,螺栓未对角、均匀紧固,法兰间隙不一致,未先活动针型阀再关闭
验漏	人身伤害,环境污染,人员中毒	未验漏或验漏不仔细,造成天然气泄漏;含硫气井作业过程中硫化氢泄漏
回收工具、用具、油料	环境污染,人身伤害	未回收工具、油料,清理场地
记录	人身伤害,设备损坏	信息不全造成误操作、误判断

4. 更换阀门密封

更换阀门密封的操作步骤、危害结果和原因分析见表 2-22。

表 2-22　更换阀门密封的操作步骤、危害结果和原因分析

操作步骤	危害结果	原因分析
准备工作	中毒,火灾,人身伤害	未正确穿戴劳保用品或选择、使用工具、用具不当,对于含硫气井未佩戴齐硫化氢检测和防护器具或使用不合格器具
操作确认	人身伤害,设备损坏	① 不熟悉操作内容和步骤,误操作。 ② 违反安全标准化操作规程。 ③ 未确定天然气是否含有害物质
更换前检查	人身伤害,人员伤亡,环境污染,人员中毒	① 更换阀门密封时腔室带压。 ② 带压操作阀门时人体正对丝杆,丝杆飞出。 ③ 卸松压盖螺帽后未观察旧填料是否上移就卸松压盖螺帽。 ④ 丝杆锈蚀、变形。 ⑤ 填料函内有杂质
更换	人身伤害	更换密封填料时阀腔带压,阀门组件飞出;未对角上紧压盖螺帽;未加够填料,两填料接口处未错开
验漏	人身伤害,环境污染,人员中毒	未验漏或验漏不仔细;维护保养后未试压;含硫气井作业过程中硫化氢泄漏
回收工具、用具、油料	环境污染,人身伤害	未回收工具、油料,清理场地
记录	人身伤害,设备损坏	信息不全造成误操作、误判断

5. 保养阀门

保养阀门的操作步骤、危害结果和原因分析见表 2-23。

表 2-23　保养阀门的操作步骤、危害结果和原因分析

操作步骤	危害结果	原因分析
准备工作	中毒,火灾,人身伤害	未正确穿戴劳保用品或选择、使用工具、用具不当,对于含硫气井未佩戴齐硫化氢检测和防护器具或使用不合格器具

操作步骤	危害结果	原因分析
操作确认	人身伤害,设备损坏	① 不熟悉操作内容和步骤,误操作。 ② 违反安全标准化操作规程。 ③ 未确定天然气是否含有害物质。 ④ 保养阀门时相关的设备、管线带压
拆卸	人身伤害	拆卸不当螺栓打滑;阀腔内余气未排尽;闸板卡死;阀门闸板掉地
清洗	设备损坏,密封不严	① 未清洗法兰密封面、泄漏刺坏密封面。 ② 铜套内有杂质或压盖锈蚀卡死。 ③ 阀门丝杆锈蚀、脏污。 ④ 阀腔内杂质卡死闸板。 ⑤ 填料老化、脏污、失效
安装	设备损坏,法兰泄漏	型号规格选择不合适;安装方向错误;螺栓未对角、均匀紧固;法兰间隙不一致;未活动阀门阀杆
验漏	人身伤害,环境污染,人员中毒	未验漏或验漏不仔细;试压不合格就投入使用,造成天然气泄漏;含硫气井作业过程中硫化氢泄漏
回收工具、用具、油料	环境污染,人身伤害	未回收工具、油料,清理场地
记录	人身伤害,设备损坏	信息不全造成误操作、误判断

6. 手动注油枪加油

手动注油枪加油的操作步骤、危害结果和原因分析见表 2-24。

表 2-24　手动注油枪加油的操作步骤、危害结果和原因分析

操作步骤	危害结果	原因分析
准备工作	中毒,火灾,人身伤害	未正确穿戴劳保用品或选择、使用工具、用具不当,对于含硫气井未佩戴齐硫化氢检测和防护器具或使用不合格器具

操作步骤	危害结果	原因分析
操作确认	人身伤害,设备损坏	① 不熟悉操作内容和步骤,误操作。 ② 违反安全标准化操作规程。 ③ 未确定天然气是否含有害物质
打开润滑脂	环境污染	润滑脂落地
拉开弹簧锁杆	人身伤害	未卡死锁杆导致弹簧失控复位
打开压盖	环境污染	油筒内润滑脂溢出
加注润滑脂	环境污染	润滑脂落地
松开锁杆	人身伤害	未松开锁杆导致弹簧失控复位
连接黄油嘴、注脂孔	环境污染,人员中毒	① 连接不牢润滑脂和天然气泄漏。 ② 注脂孔内压力释放。 ③ 未选定正确型号的黄油嘴、注脂嘴。 ④ 含硫气井作业过程中硫化氢泄漏
加注密封脂	环境污染,人员伤亡	加注过量;人员正对油枪锁杆;活动手柄挤压
回收工具、用具、油料	环境污染,人身伤害	未回收工具、油料,清理场地
记录	人身伤害,设备损坏	信息不全造成误操作、误判断

7. 平衡罐加注缓蚀剂

平衡罐加注缓蚀剂的操作步骤、危害结果和原因分析见表 2-25。

表 2-25 平衡罐加注缓蚀剂的操作步骤、危害结果和原因分析

操作步骤	危害结果	原因分析
准备工作	中毒,火灾,人身伤害	未正确穿戴劳保用品或选择、使用工具、用具不当,对于含硫气井未佩戴齐硫化氢检测和防护器具或使用不合格器具

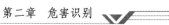

操作步骤	危害结果	原因分析
操作确认	人身伤害,设备损坏	① 不熟悉操作内容和步骤,误操作。 ② 违反安全标准化操作规程。 ③ 未确定天然气是否含有害物质
关闭阀门	人身伤害,设备损坏,人员中毒	未关闭平衡阀和缓蚀剂注入阀,导致井内高压气体回注、外泄
开启放空阀	环境污染,人员中毒	① 排空时操作人员未站在上风口。 ② 压力未排尽就进行施工。 ③ 罐内药剂外溢。 ④ 含硫气井作业过程中硫化氢泄漏
加药	人身伤害,人员中毒	药剂有一定毒性、腐蚀性,未戴胶皮手套、口罩等劳动保护用品;上罐顶操作时,操作人员行动不谨慎,滑倒、摔伤;缓蚀剂溅出伤人
泄压,恢复生产	人身伤害,人员中毒	① 开平衡阀后未待罐内压力与注入点压力一致就开注入阀。 ② 排空时操作人员未站在上风口。 ③ 压力未泄尽,误开关阀门
回收工具、用具、药剂	环境污染,人身伤害	未回收工具、药剂,清理场地
记录	人身伤害,设备损坏	信息不全造成误操作、误判断

8. 润滑和密封差压式密封弹性闸阀

润滑和密封差压式密封弹性闸阀的操作步骤、危害结果和原因分析见表 2-26。

表 2-26　润滑和密封差压式密封弹性闸阀的操作步骤、危害结果和原因分析

操作步骤	危害结果	原因分析
准备工作	中毒,火灾,人身伤害	未正确穿戴劳保用品或选择、使用工具、用具不当,对于含硫气井未佩戴齐硫化氢检测和防护器具或使用不合格器具
操作确认	人身伤害,设备损坏	① 不熟悉操作内容和步骤,误操作。 ② 违反安全标准化操作规程。 ③ 未确定天然气是否含有害物质。 ④ 进行闸阀的润滑和密封时相关的设备、管线带压
注润滑脂	人员伤亡,中毒	① 未在规定的时间、部位加注型号相同的润滑脂。 ② 加注润滑脂量不足。 ③ 润滑脂老化变质。 ④ 在带压注油情况下,打开压盖前,未检查注脂口是否漏气。 ⑤ 未活动阀门使润滑脂注入到位。 ⑥ 含硫气井作业过程中硫化氢泄漏
注密封脂	人员伤亡,中毒	① 未在规定的时间、部位加注型号相同的密封脂。 ② 加注密封脂量不足。 ③ 密封脂老化变质。 ④ 在带压注脂情况下,打开压盖前,未检查注脂口是否漏气。 ⑤ 未活动阀门使密封脂注入到位。 ⑥ 含硫气井作业过程中硫化氢泄漏
回收工具、用具、油料	环境污染,人身伤害	未回收工具、油料,清理场地
记录	人身伤害,设备损坏	信息不全造成误操作、误判断

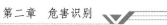

9. 地面设备除锈上漆

地面设备除锈上漆的操作步骤、危害结果和原因分析见表 2-27。

表 2-27　地面设备除锈上漆的操作步骤、危害结果和原因分析

操作步骤	危害结果	原因分析
准备工作	中毒,火灾,人身伤害	未正确穿戴劳保用品或选择、使用工具、用具不当,对于含硫气井未佩戴齐硫化氢检测和防护器具或使用不合格器具
操作确认	人身伤害,设备损坏	① 不熟悉操作内容和步骤,误操作。 ② 违反安全标准化操作规程。 ③ 未确定天然气是否含有害物质
脱脂、除锈	人身伤害,环境污染	除锈设备用电,机械杂质飞出,粉尘飘散,摩擦,中毒
喷涂	环境污染	油漆散落,稀释剂灼伤
回收工具、用具、油料	环境污染,人身伤害	未回收工具、油料,清理场地
记录	人身伤害,设备损坏	信息不全造成误操作、误判断

五、其他作业

1. 天然气放空

天然气放空的操作步骤、危害结果和原因分析见表 2-28。

表 2-28　天然气放空的操作步骤、危害结果和原因分析

操作步骤	危害结果	原因分析
准备工作	火灾,人身伤害	未正确穿戴劳保用品或选择工具、用具不当,对于硫化氢井未使用硫化氢防护用品或使用的防护用品不合格
操作确认	误操作,人身伤害,设备损坏	操作前未进行操作确认,未确认泄压设备是否正常及泄压操作流程是否正确
放空前检查	人身伤害	放空管口未固定牢靠
做好警戒	人身伤害	未做好安全警戒工作

续表 2-28

操作步骤	危害结果	原因分析
记录进出站压力	资料不全	未做记录或记录不准
停流量计	仪器损坏	未停流量计或停流量计操作过猛
倒换流程	设备损坏,物体打击	倒换流程错误,憋压;开关阀门时站位错误,阀门手轮打出
点火放空	环境污染,燃烧,爆炸	放空时未能及时点火;放空时操作不平缓,猛开猛关,站场、管道内积液喷出;固体杂物撞击管线
清洁场地,回收工具、用具	环境污染	未清理作业现场
记录	影响资料收集	未对放空作业进行记录

2. 井口应急放喷泄压

井口应急放喷泄压的操作步骤、危害结果和原因分析见表 2-29。

表 2-29　井口应急放喷泄压的操作步骤、危害结果和原因分析

操作步骤	危害结果	原因分析
准备工作	火灾,人身伤害	未正确穿戴劳保用品或选择工具、用具不当,对于硫化氢井未使用硫化氢防护用品或使用的防护用品不合格
操作确认	误操作	未确定该操作的必要性,未进行操作设备和操作过程的确定
报告险情	处置延误,处置不当	没有及时明确报告处理结果
警戒疏散	人身伤害,火灾爆炸	警戒工作未做到位,闲杂人等进入作业现场
应急小组进入现场	人身伤害	未对现场情况进行勘察,出现意外险情
连接泄压管线	物体打击	管线未固定牢靠
高压管段验漏	人身伤害	开气操作过程中阀门、管线出现问题

续表 2-29

操作步骤	危害结果	原因分析
泄压	设备损坏,人员伤亡,环境污染	紧急装置压力等级、接头等不合适;泄压装置泄漏、堵塞;管线连接不及时有效,不能确保险情及时得到控制
点火放空	人员伤亡,环境污染,火灾爆炸	点火人员离点火口太近;放空点火时井内污水、污物喷出;放空未能及时点火;点火口附近有易燃物
拆卸泄压流程	物体打击	拆卸时未泄压
汇报抢险结果	影响处置	没有及时明确报告处理结果
清洁场地,回收工具、用具	环境污染	未能妥善处理操作中产生的废弃物
记录	生产资料不全	未记录或记录不全

3. 井下安全阀操作

井下安全阀操作的操作步骤、危害结果和原因分析见表 2-30。

表 2-30　井下安全阀操作的操作步骤、危害结果和原因分析

操作步骤	危害结果	原因分析
准备工作	火灾,人身伤害	未正确穿戴劳保用品或选择工具、用具不当,对于硫化氢井未使用硫化氢防护用品或使用的防护用品不合格
操作确认	误开、误关井下安全阀	未确定该操作的必要性以及操作过程的正确性
操作前检查	人身伤害,设备损坏,接头破裂	未对员工进行培训并考核合格;未做好检查工作,造成人员伤亡和设备损坏;紧固导压管接头时用力过大造成活接头破裂
建立驱动气源	设备损坏	未按照操作规程操作,造成设备损坏
建立液压通路	影响井下安全阀的开关	操作失误,液压管路不能正常导通
管线增压	液压管路泄漏	液压管路有问题

续表 2-30

操作步骤	危害结果	原因分析
打开井下安全阀	井下安全阀不能正常打开	液压管路压力不够
回收工具、用具	环境污染	未能妥善处理操作中产生的废弃物
记录	生产资料不全	未记录或记录不全

4. 井口安全系统操作

井口安全系统操作的操作步骤、危害结果和原因分析见表 2-31。

表 2-31　井口安全系统操作的操作步骤、危害结果和原因分析

操作步骤	危害结果	原因分析
准备工作	火灾,人身伤害	未正确穿戴劳保用品或选择工具、用具不当,对于硫化氢井未使用硫化氢防护用品或使用的防护用品不合格
操作确认	人身伤害,设备损坏	未确定该操作的必要性以及操作过程的正确性
开井前检查	人员伤亡,设备损坏	未对员工进行培训并考核合格,未做好检查工作
关闭泄压阀	人身伤害,设备损坏	① 液控管线:安装不正确,无可靠保护装置。② 油、气管线密封渗漏。③ 系统试压不合格
打压	人身伤害,设备损坏	手动打压不合格
设定远程控制压力	人身伤害,设备损坏	未正确设定远程控制压力
关闭总阀	人身伤害,设备损坏	表压、气源、储能器、管汇等压力未调至规定值
打开泄压阀	人身伤害,设备损坏	手柄位置不正确,开关不灵活,密封不可靠
高压超过 21 MPa 的标准操作:关闭泄压阀	人身伤害,设备损坏	① 液控管线:安装不正确,无可靠保护装置。② 油、气管线密封渗漏。③ 系统试压不合格
打开氮气瓶	人身伤害,设备损坏	未打开氮气瓶
打开旁通阀	人身伤害,设备损坏	系统试压不合格
调节压力	人身伤害,设备损坏	表压、气源、储能器、管汇等压力未调至规定值

续表 2-31

操作步骤	危害结果	原因分析
打开泄压阀	人身伤害,设备损坏	手柄位置不正确,开关不灵活,密封不可靠
回收工具、用具	环境污染	未能妥善处理操作中产生的废弃物
记录	影响生产分析	未记录或记录不全

5. 巡回检查

巡回检查的操作步骤、危害结果和原因分析见表 2-32。

表 2-32 巡回检查的操作步骤、危害结果和原因分析

操作步骤	危害结果	原因分析
准备工作	人身伤害	未正确穿戴劳保用品或选择工具、用具不当,对于硫化氢井未使用硫化氢防护用品或使用的防护用品不合格
检查确认	人身伤害	未确定该操作的必要性以及操作过程的正确性
检查值班室	火灾,触电,爆炸,人身伤害	值班室内存放物品堵塞安全通道,未做好电源线路检查工作,室内电器断路、打火
检查井口	火灾,爆炸,人身伤害	未定期保养,方井积水,致使设备锈蚀穿孔;未确认各阀门有无泄漏,采气管线未固定好
检查管汇台	人身伤害	壁厚变薄,未定期保养,未确认各阀门有无泄漏,管汇台、放喷管线未固定好
检查水套炉	人身伤害,设备损坏	地脚桩未固定好;水位计水位在下限;水套炉放水阀门已坏;水套炉内管线及点火部位不正常;温度计的温度不正常
检查分离器	人身伤害,爆炸,火灾,设备损坏	未确认地脚桩是否牢固,液位计是否超限,附属阀门、安全阀、放空阀是否正常

操作步骤	危害结果	原因分析
检查流程计量仪表	人身伤害,污染环境	检查流程计量仪表时,井口流程不畅通,管线憋压,油气泄漏
检查排污灌	火灾,爆炸,环境污染,人身伤害	地脚螺丝连接不牢固、有腐蚀;扶梯焊接不牢固、有腐蚀,防静电、焊接装置接地不好;呼吸阀性能不好;液位计计量不准确;排污阀开关不灵活、密封不好;安全平台未固定好
检查消防棚	人身伤害,火灾	灭火器使用期限失效,压力不正常,安全栓不牢固、泄漏,喷嘴堵塞,干粉凝固,表面腐蚀
检查周边环境	火灾	井场周围有大量油污或易燃物,遇明火易引起火灾
回收工具、用具	环境污染	未回收、清洁工具、用具
记录	影响生产分析	未记录或记录不全

第三节　集气作业危害

一、清管

1. 清管发球

清管发球的操作步骤、危害结果和原因分析见表 2-33。

表 2-33　清管发球的操作步骤、危害结果和原因分析

操作步骤	危害结果	原因分析
准备工作	人身伤害,管道堵塞、停输,火灾,爆炸	① 未正确穿戴劳保用品,未正确使用工具、用具。② 清管器具选择不当。③ 含硫气硫化铁粉自燃
操作确认	压力波动,憋压,爆炸,火灾	相关场站不明确施工任务,误判、误断

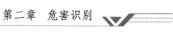
操作步骤	危害结果	原因分析
发球筒准备,开放空阀泄压,开快开盲板	人身伤害,设备损坏	① 发球筒上球阀、旁通阀未关闭或关闭不到位。 ② 未完全泄压到零。 ③ 人员站位不当
将清管器具放入发球筒大小头部位	人身伤害,设备损坏	① 人员配合不当砸伤或碰伤。 ② 器具掉落地上摔坏或碰坏
关闭快开盲板、放空阀	设备损坏	① 关闭快开盲板时操作不当损坏密封圈。 ② 放空阀关闭不到位
开发球筒进气阀,平衡清管器具前后压力	设备损坏,人身伤害	① 球筒进气不平稳造成压力激动。 ② 球筒升压过快。 ③ 人员站位不当
全开清管阀	设备损坏	清管阀未全开造成清管器具损坏
关输气管线主阀,推球进入输气管道	设备损坏	① 进气量控制不当,压力激动,造成发球筒震动过大。 ② 清管器具与发球筒大小头未有效密封,球未发出。 ③ 清管器具通过清管球阀时速度过快,对清管器具造成损伤
清管器具运行检测	设备损坏	进气量过大
开输气管线主阀	人身伤害	人员站位不正确
关清管阀同时关闭球筒进气阀	人身伤害	人员站位不正确
打开发球筒放空阀放空,开快开盲板检查、保养发球筒	物体打击,人身伤害	① 发球筒压力未泄压为零。 ② 工具使用不当。 ③ 人员站位不当
回收工具、用具	环境污染	未回收、清洁工具、用具
记录(发球时间、进气量、进气压力、清管器具相关信息等)	影响生产分析	未记录或记录不全

2. 清管收球

清管收球的操作步骤、危害结果和原因分析见表2-34。

表 2-34　清管收球的操作步骤、危害结果和原因分析

操作步骤	危害结果	原因分析
准备工作	人身伤害,设备损坏,管道堵塞、停输,环境污染,火灾,爆炸	① 未正确穿戴劳保用品,未正确使用工具、用具。 ② 收球装置不完善。 ③ 排污放空设施不完善。 ④ 含硫气硫化铁粉自燃
操作确认	压力波动,憋压,爆炸,火灾	相关场站不明确施工任务,误判、误断
收球筒准备(放空系统、排污系统、清管旁通及计量系统完善)	人身伤害,设备损坏	① 收球筒上球阀未关闭或关闭不到位,使收球筒带压。 ② 压力表损坏或未完全泄压到零。 ③ 放空、排污管线堵塞
在收球筒前 500～1 000 m 处安装指示信号发射器一套或设置监听人员	设备损坏	指示信号发射器未有效连接或固定
通过计算和分析确定清管器具到达前 30 min 关闭收球筒上的放空阀和排污阀	人身伤害	关阀门时人员站位不当
开球筒清管旁通平衡球筒压力	设备损坏,人身伤害	① 阀门操作不平稳造成球筒压力激动,损坏压力表;球筒震动过大。 ② 开阀门时人员站位不当
全开球阀,关闭输气管线进气阀	人身伤害	人员站位不当

续表 2-34

操作步骤	危害结果	原因分析
排污,放空,引球	设备损坏,环境污染,人身伤害,火灾	① 清管球阀未完全打开。 ② 放空时未点火。 ③ 排污时速度控制不当,污物冲击液面。 ④ 人员站位不当。 ⑤ 含硫天然气管线排污口未采用湿式作业。 ⑥ 污物池(罐)容量不足
开输气阀,关球阀,关旁通阀	人身伤害	人员站位不当
取球	设备损坏,火灾,环境污染,人身伤害	① 工具、用具使用不当。 ② 含硫天然气管线排污口未采用湿式作业。 ③ 球筒中污物未排尽。 ④ 收球筒未泄压到零。 ⑤ 人员站位不当
收球筒维护保养	物体打击,人身伤害	① 工具、用具使用不当。 ② 人员操作不规范
回收工具、用具	环境污染	未回收、清洁工具、用具
清管器具检查,测量描述及相关记录	影响生产分析	未记录或记录不全

二、管线腐蚀检测

1. 地下管道防腐层检漏

地下管道防腐层检漏的操作步骤、危害结果和原因分析见表 2-35。

表 2-35 地下管道防腐层检漏的操作步骤、危害结果和原因分析

操作步骤	危害结果	原因分析
检测准备	人身伤害,设备损坏	未正确穿戴劳保用品;检测仪器设备未做防水保护,致使淋雨等;选择、使用工具、用具不当;搬运发射机不当导致其失手掉落

续表 2-35

操作步骤	危害结果	原因分析
安装发射机	人员触电	发射机电源无人监护
发射机开机	设备损坏	电源选择错误,未正确接地,未正确连接管线,未正确选择输出电流,未正确选择发射机频率
A 型架与接收机连接	设备损坏	连接不当或失手掉落损坏 A 型架及接收机
接收机开机		电池电极安装错误
接收机操作(破损点检漏)		未正确选择接收机频率
接收机操作(管线定位)		未正确选择接收机频率
接收机操作(破损点检漏)		发射机接地信号与检测信号未正确连接
管线及破损点定位	环境污染	管线及破损点定位时踩踏农田作物、管线及破损点定位标识
关闭发射机	设备损坏	未按正确程序关机
设备收集	设备损坏	搬运发射机、接收机、A 型架不当,失手掉落
废弃物回收	环境污染	废弃物未统一回收
复原管道设施	设备损坏	电位桩盖未关闭,导致接线柱遭受风雨剥蚀,锈蚀,损坏

2. 管线管地电位测试

管线管地电位测试的操作步骤、危害结果和原因分析见表 2-36。

表 2-36　管线管地电位测试的操作步骤、危害结果和原因分析

操作步骤	危害结果	原因分析
准备工作	人身伤害	未正确穿戴劳保用品或选择、使用工具、用具不当
浸泡硫酸铜参比电极	环境污染	浸泡硫酸铜参比电极的水乱倒
检测万用表	环境污染	万用表中废弃电池未按规定回收

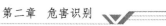

续表 2-36

操作步骤	危害结果	原因分析
放置参比电极	设备损坏,污染环境	失手掉落参比电极,硫酸铜溶液流出
测量管地电位	人身伤害	测量时测量人员未站稳滑倒、被动物咬伤等以及测量时踩踏农田作物
回收工具、用具	污染环境	硫酸铜参比电极未回收
复原管道设施	设备损坏	测试桩盖未关闭,导致接线柱遭受风雨剥蚀、锈蚀、损坏

3. 集气管线阴极保护系统恒电位仪操作

集气管线阴极保护系统恒电位仪操作的操作步骤、危害结果和原因分析见表 2-37。

表 2-37 集气管线阴极保护系统恒电位仪操作的操作步骤、危害结果和原因分析

操作步骤	危害结果	原因分析
穿戴劳保用品及准备工具、器具	人身伤害,触电,设备损坏	① 未正确穿戴劳保用品。 ② 未正确按照设备操作规程操作。 ③ 未正确使用工具和设备
操作调试方案制定	恒电位仪设备损坏	不熟悉恒电位仪操作规程
开机前检测	人身伤害,触电,设备损坏	① 不熟悉强制电流阴极保护操作流程。 ② 未确认阳极地床接地电阻是否在规定范围。 ③ 未确认电源电压是否稳定,输入电压是否符合设备要求。 ④ 未确认恒电位仪和管道及阳极地床之间的连线是否正确
开机	人身伤害,触电,设备损坏	① 未确认恒电位仪接地是否良好。 ② 电源接通后,恒电位仪所有参数没有调到最小,没有按照调试方案和操作规程逐步进行调试和操作

续表 2-37

操作步骤	危害结果	原因分析
系统调试	设备损坏	① 没有按照操作规程和方案调试到最佳参数。 ② 出现设备报警时没有终止调试
恒电位运行	设备损坏	① 电压不稳定。 ② 恒电位仪没有按照规定定期维护保养,出现保护电流变化。 ③ 停电后开机的操作流程不正确
系统维护保养		没有定期专人维护保养,按照国标要求强制每月定期检查一次电流阴极保护系统
关机	设备损坏	没有按照操作规程先调整参数到最小,再关设备电源,然后关控制电源,最后关总电源

三、脱硫、脱水

1. 气体干法脱硫

气体干法脱硫的操作步骤、危害结果和原因分析见表 2-38。

表 2-38　气体干法脱硫的操作步骤、危害结果和原因分析

操作步骤		危害结果	原因分析
准备工作	穿戴劳保用品,选择合适的工具	人身伤害	未正确穿戴劳保用品或选择、使用工具不当
	佩戴正压式空气呼吸器	人员中毒	硫化氢是剧毒物质
	佩戴便携式硫化氢检测仪	人员中毒	硫化氢是剧毒物质

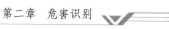

续表 2-38

	操作步骤	危害结果	原因分析
装脱硫剂	确认脱硫塔进出口阀门、放空阀门、排污阀门已关闭	人员中毒,火灾,爆炸,人员伤亡,设备损坏	① 硫化氢是剧毒物质。 ② 高压气流引起人员伤亡、设备损坏。 ③ 未关闭脱硫塔进出气阀门、放空阀门、排污阀门或阀门密封不严
	确认进出口管线阀门已加装盲板(靠近设备一侧),并做好标识		
	打开装料、卸料孔,检测硫化氢质量浓度不高于 10 mg/m³	人员中毒	硫化氢残留浓度超过标准
	在脱硫塔底的格算板上铺设 2 层网孔不大于 φ4 mm 的不锈钢丝网,网上面铺设厚度为 80～100 mm、粒度为 20～30 mm 的瓷球,瓷球上再放置 2 层网孔不大于 φ4 mm 的丝网		
	关闭卸料孔	人身伤害	① 未正确使用工具。 ② 未对称锁紧卸料孔锁紧螺帽发生泄漏
	检查脱硫剂情况,如果粉化严重和潮湿则不能装料		

操作步骤		危害结果	原因分析
装脱硫剂	向料斗里加料,严禁混入袋子等杂物,用电动葫芦吊起料斗至待装脱硫塔进口,打开料斗卸料口,将脱硫剂装入脱硫塔	物体打击,高处坠落,人身伤害	① 高处坠落物伤害到地面作业人员。 ② 高处(塔顶)的作业人员未按规定系好安全带。 ③ 高处作业人员不小心掉下工具或其他物体。 ④ 升降设备失控后,从空中自由落下。 ⑤ 高处(塔顶)的作业人员违规作业或其他意外的原因
	装料过程保证脱硫剂能均匀平铺,不粉碎	天然气在塔内偏流	脱硫剂未均匀平铺
	装料完毕,取出装料布袋,关闭装料孔	人身伤害	① 未正确使用工具。 ② 未对称锁紧装料孔锁紧螺帽
	拆除盲板	人身伤害	未正确使用工具
置换	用氮气置换塔内空气,氧气体积分数低于2%为合格	空气未置换合格	未按规定进行置换
	用净化天然气置换氮气,以放空火炬火焰点燃为置换合格,氮气置换完成后关闭放空阀	人身伤害	① 开阀门用力过猛,速度过快。 ② 开阀门时站位不对
升压	开启脱硫塔出口阀逐步升压,升压速度不能高于 0.1 MPa/min	吹散脱硫剂,爆炸	升压速度过快

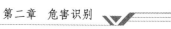

续表 2-38

操作步骤	危害结果	原因分析
检查各塔密封点有无泄漏	中毒,火灾,爆炸	① 密封点未紧固发生泄漏。② 密封件损坏发生泄漏
根据生产工况倒换脱硫塔,确定生产塔与备用塔		
检查阀门开关状态,导通生产塔进出气阀门,关闭备用塔进出气阀门	爆炸,人身伤害	阀门操作错误
测量脱硫塔进出口天然气硫化氢质量浓度,当出口硫化氢质量浓度接近 20 mg/m³ 时,倒换脱硫塔,更换脱硫剂	硫化氢浓度超标	① 脱硫剂选型不当。② 充装不合格
关闭待卸脱硫塔进出口阀门	中毒,火灾,爆炸,人员伤亡,设备损坏	未关闭脱硫塔进出气阀门或阀门密封不严,含硫天然气大量泄漏
开启放空阀门泄压,泄压速度不得高于 0.1 MPa/min	人身伤害	① 开阀门用力过猛,速度过快。② 开阀门时站位不对
放空完毕,用净化天然气置换原料气,检测硫化氢质量浓度不高于 10 mg/m³ 为置换合格	硫化氢浓度超标	未按规定进行置换
用氮气置换待卸脱硫塔内净化天然气,以放空火炬火焰熄灭为置换合格,氮气置换完毕关闭脱硫塔放空阀	天然气浓度超标	未按规定进行置换

左侧分组:倒塔运行(前四行)、卸脱硫剂(后四行)

操作步骤		危害结果	原因分析
卸脱硫剂	确认进出口管线阀门已加装盲板(靠近设备一侧),使卸料塔与系统隔离并做好标识	中毒	阀门关闭不严或内漏
	往塔顶进水口注水浸泡脱硫剂	火灾,中毒,高处坠落,高处落物	① 干燥的硫化亚铁易自燃。② 残余硫化氢逸出。③ 作业人员未正确佩戴防护用品。④ 高处作业人员未按规定使用工具、用具。⑤ 升降设备失控后,从空中自由落下
	从排污阀放水	环境污染	未对污水进行有效回收
	打开卸料孔	中毒,火灾	① 硫化氢是剧毒物质。② 干燥的硫化亚铁易自燃
	确认卸料区硫化氢质量浓度不高于 $10\ mg/m^3$	中毒	硫化氢浓度过高;未按规定佩戴检测仪和正压式空气呼吸器
	卸货车停于卸料人孔以下,车厢内铺上防雨油布,将脱硫剂掏出顺卸料槽滑入自卸货车内	火灾,环境污染,中毒	① 干燥的硫化亚铁易自燃。② 残余硫化氢逸出。③ 脱硫剂散落到地面上
	将装满废料的自卸货车转运至废料中转场	环境污染	车辆未进行保护,脱硫剂沿途散落
	冲洗脱硫塔及场地	环境污染	污水未进行有效回收

2. 三甘醇脱水撬开车

三甘醇脱水撬开车的操作步骤、危害结果和原因分析见表 2-39。

表 2-39 三甘醇脱水撬开车的操作步骤、危害结果和原因分析

操作步骤	危害结果	原因分析
穿戴劳保用品,选择合适的工具、用具	人身伤害	未正确穿戴劳保用品或选择、使用工具不当
工艺流程设备仪表完好		① 单机调试已完成。 ② 所有过滤元件装填完毕,吸收塔能正常工作。 ③ 所有阀门、仪表、接头齐全,阀门开闭位置符合要求。 ④ 仪表引压阀开启
动力保障到位		
正确导通高、低压流程,确定阀门的开关状态	爆炸	阀门开关不正确,吸收塔内的高压串入甘醇再生低压系统引起憋压
关闭 Kimray 泵的速度控制阀		
通过连接器向重沸器和缓冲罐内加入三甘醇,首先向重沸器中加入三甘醇,用重沸器和缓冲罐上的玻璃板液位计检查甘醇系统,直到缓冲罐中出现液位,然后向缓冲罐内加入三甘醇直至充满液位	环境污染	① 未打开排气孔。 ② 未控制好三甘醇加注速度。 ③ 三甘醇溢出
慢慢将气体引入吸收塔,气体引入吸收塔前,关掉所有与塔相连的管线、阀门,检查是否有泄漏的地方,当吸收塔的压力与流程压力平衡后关闭吸收塔的进出口阀	吸收塔发热	升压速度过快
缓慢地打开从吸收塔干净化气管线至燃料气储罐的阀门,并利用减压阀将燃料气罐的压力控制在 317~620 kPa 之间	人身伤害	① 开阀门用力过猛,速度过快。 ② 开阀门时站位不对

操作步骤	危害结果	原因分析
缓慢地打开从燃料气罐到闪蒸罐的阀门,使闪蒸罐的压力达到 280 ~ 620 kPa	人身伤害,设备损坏	① 开阀门用力过猛,速度过快。 ② 开阀门时站位不对。 ③ 调节压力时速度过快
调节仪表供风压力,使仪表风压力达到 140 ~ 175 kPa	设备损坏	调节压力时速度过快
打开 Kimray 泵速度控制阀,启动 Kimray 泵(最初从吸收塔中返回的只有气体,所以开始时泵有可能超速)。几分钟后,打开高压贫液侧放空阀,以确认泵是否充满三甘醇溶液,若已充满液,让泵继续运转,否则,检查从缓冲罐来的入口管线是否已打开,然后再试一次	设备损坏	① 泵的速度控制阀开度不一致。 ② 泵被"气锁"
待贫液出口排空阀有液体出来后,打开贫液进塔阀门,关闭贫液出口排空阀门	人身伤害	① 开阀门用力过猛,速度过快。 ② 开阀门时站位不对
当三甘醇开始流动后,检查并调节吸收塔和闪蒸罐上的液位控制器,以获得稳定的液位和稳定的流率		未调节好液位控制器开度
待循环正常后,通过缓冲罐向系统补充三甘醇,直至闪蒸罐、重沸器、缓冲罐液位正常	环境污染	未控制好三甘醇加入速度

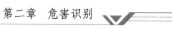

续表 2-39

操作步骤	危害结果	原因分析
设置高温控制器的温度为 204 ℃,必要时,强行向上推动复位按钮,确保仪表供风气路畅通,高温控制的调节阀打开,母火有气	三甘醇质变	高温控制温度设置不合理
调节 627 型减压阀,将供给火嘴的燃料气压力调至 50 kPa 左右	设备损坏	调节压力时速度过快
设置火焰监测器的温度高于 500 ℃,打开炉膛盖和观察孔,把点火器放入母火嘴处,打开母火气源,点母火	火灾,爆炸	点火程序错误,未严格执行先点火、后开气操作
将温度控制器温度由低往高慢慢调整,使设置温度高于重沸器的温度,打开主火调节阀,最终设置重沸器的温度在 195～200 ℃ 之间	三甘醇再生达不到效果	重沸器温度设置不合理
火点着后开主火阀门,主火点着后盖上炉盖,注意调整风门,使燃料气燃烧充分,以获得一个长形的、滚动的末端稍带黄色的火焰,若火没有点着,立即关掉主、母火阀门,过 20 min 后,方可再次点火。在寒冷的冬天,三甘醇在循环前最好先加热	火灾,爆炸	熄火后未立即关闭主、母火阀门,未等 20 min 后再进行点火
当一个稳定的操作建立起来后,检查闪蒸罐上的液位控制装置,并调整调压装置,使闪蒸罐的压力保持在 280～420 kPa	设备损坏	调节压力时速度过快

操作步骤	危害结果	原因分析
随着装置操作的持续进行,检查吸收塔液位控制器的操作情况,确保它们处于良好的排液状态		
当重沸器达到理想的温度且泵的流量也达到规定值时,可以慢慢打开原料气进口阀,让气体流经装置。在让气体流经装置前必须建立好三甘醇循环过程		开启原料气进、出口阀门时速度过快
打开汽提气的出口阀门,调节汽提气的调节阀,每立方米三甘醇再生所需的最小汽提气量约为15 Nm³(视现场的具体情况,可以不开汽提气)		
进气生产后,化验人员应立即取样分析,操作人员应随时调整三甘醇的循环量,确保产品气水露点合格	人身伤害	贫液温度较高

3. 三甘醇脱水撬停车

三甘醇脱水撬停车操作的步骤、危害结果和原因分析见表 2-40。

表 2-40　三甘醇脱水撬停车的操作步骤、危害结果和原因分析

操作步骤	危害结果	原因分析
脱水撬定期检修时的正常停车		
准备工作:① 穿戴好劳保用品,现场安全设施齐全可靠,场地整洁规范。② 与有关单位、井站取得联系,确定停车时间。③ 做好三甘醇回收准备工作	人身伤害,设备损坏,环境污染	① 未正确穿戴劳保用品或选择、使用工具、用具不当,造成人员伤害。② 未与有关单位、井站取得联系,确定停车时间,造成压力波动或憋压。③ 未做好三甘醇回收准备工作

续表 2-40

操作步骤	危害结果	原因分析
脱水撬定期检修时的正常停车		
切断重沸器燃料气气源，三甘醇继续循环，重沸器三甘醇温度降至 65 ℃左右，停止三甘醇循环	人身伤害	① 开阀门用力过猛，速度过快。② 开阀门时站位不对
切断脱水装置上游进气阀门和下游干气出站阀门。将重沸器、缓冲罐内的所有三甘醇回收至甘醇储罐	人身伤害	① 开阀门用力过猛，速度过快。② 开阀门时站位不对
将吸收塔、闪蒸罐、甘醇机械过滤器滤芯、活性炭过滤器内的三甘醇回收至甘醇储罐。三甘醇回收完毕，将所有设备的甘醇回收阀门关闭	环境污染	回收时未控制好速度，三甘醇溢出
打开排污阀，对过滤分离器、吸收塔、闪蒸罐进行排污。排污完毕，从吸收塔放空系统对天然气脱水系统泄余气	设备损坏，人身伤害，环境污染	① 开阀门用力过猛，速度过快。② 开阀门时站位不对。③ 未全开平板阀，造成阀门刺坏。④ 排污阀开启过猛，污水飞溅
对机械过滤器、活性炭过滤器及滤芯进行清洗或更换。清洗重沸器和缓冲罐	人身伤害	未按操作规程进行清洗操作
做好脱水装置停运的详细记录		
脱水装置短期正常停车		
准备工作：① 穿戴好劳保用品，现场安全设施齐全可靠，场地整洁规范。② 首先与有关单位、井站取得联系，确定停车时间。③ 随时与调度室保持联系	人身伤害	未正确穿戴劳保用品或选择、使用工具、用具不当

操作步骤	危害结果	原因分析
脱水装置短期正常停车		
切断脱水装置上游进气阀门和下游干气出站阀门	人身伤害	① 开阀门用力过猛,速度过快。 ② 开阀门时站位不对
停车少于 48 h,将重沸器再生温度设定至120 ℃,继续热循环		
停车超过 48 h,继续热循环,当富液质量分数大于 98% 时,关闭重沸器燃料气;继续冷循环,当缓冲罐甘醇温度降至 65 ℃ 时,停止循环泵,同时关闭吸收塔、闪蒸罐甘醇出口阀	人身伤害	① 开阀门用力过猛,速度过快。 ② 开阀门时站位不对
保持吸收塔、闪蒸罐、重沸器、缓冲罐各压力、液位在正常范围内。做好开车准备		
脱水撬紧急停车		
当出现甘醇循环泵故障、吸收塔泄漏等突发性事故时,应立即进行紧急停车		
切断脱水装置上游进气阀门和下游干气出站阀门	人身伤害	① 开阀门用力过猛,速度过快。 ② 开阀门时站位不对
与调度室尽快取得联系,确定是通过脱水装置旁通生产还是整个站场停止输气	设备损坏	未与调度室联系,确定下步生产指令
立即分析事故原因,采取相应措施		
排除故障后尽快恢复生产	人身伤害	未按正确的开车步骤进行操作

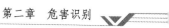

第四节　增压作业危害

一、增压机启动

增压机启动的操作步骤、危害结果和原因分析见表2-41。

表 2-41　增压机启动的操作步骤、危害结果和原因分析

操作步骤	危害结果	原因分析
准备工作	中毒,火灾,人身伤害	未正确穿戴劳保用品或选择、使用工具、用具不当,使用不合格器具
操作确认	人身伤害,设备损坏	不熟悉启动操作规程,误操作,违反安全标准化操作规程
开机前检查	人身伤害,设备损坏	① 未检查控制柜仪器仪表开启状况。 ② 燃气压力不符合规定,启机困难。 ③ 燃气管线泄漏。 ④ 进出压缩机吸气、排气阀门未开启。 ⑤ 水箱水位不足造成机组动力缸的温度过高。 ⑥ 机身油位不在规定范围内,容易造成十字头损伤。 ⑦ 液压油油位不在规定范围内,容易造成两动力缸工况不平稳。 ⑧ 过滤器清洁状况不良。 ⑨ 安全设施未开启
启动	人身伤害,设备损坏	① 盘车时,盘车棍容易伤人,盘车不到位,启车时启动气推不动车。 ② 火花塞线没连接好,不点火。 ③ 手动泵油不足,容易造成动力和压缩两端的部件损伤。 ④ 机组异响,不停机检查。 ⑤ 皮带保护罩松动

操作步骤	危害结果	原因分析
跑温	设备损坏	机组未按照规定跑足温度,造成机组损坏
加载	人身伤害,设备损坏	① 加载过快。 ② 动力端飞车。 ③ 出口端压力过高。 ④ 润滑油供油不足,机组温度升高,压缩缸、动力缸损坏
回收工具、用具、油料	环境污染,人身伤害	未回收工具、油料,清理场地
记录	人身伤害,设备损坏	信息不全造成误操作、误判断

二、增压机停机

增压机停机的操作步骤、危害结果和原因分析见表 2-42。

表 2-42　增压机停机的操作步骤、危害结果和原因分析

操作步骤	危害结果	原因分析
准备工作	中毒,火灾,人身伤害	未正确穿戴劳保用品或选择、使用工具、用具不当,使用不合格器具
操作确认	人身伤害,设备损坏	不熟悉停机操作规程,误操作,违反安全标准化操作规程
停机	人身伤害,设备损坏	① 未确认所有机组联锁控制点整定停车值,误停车。 ② 停机时发现意外情况直接停车,造成生产事故。 ③ 停机后未进行泄压、憋压。 ④ 停车后未按要求进行保养维护
停机后检查	人身伤害,设备损坏	未做好检查工作,造成人员伤亡和设备损坏
回收工具、用具、油料	环境污染,人身伤害	未回收工具、油料,清理场地
记录	人身伤害,设备损坏	信息不全造成误操作、误判断

第三章　风险控制

第一节　采气作业风险控制

采气作业过程中的风险控制主要是通过对采气工安全要求、岗位标准化安全操作、采气工艺安全控制、常用设备安全要求、生产场所安全要求等来实现控制。

一、开关井

1. 高压气井开井

高压气井开井的操作步骤、危害结果及风险控制见表3-1。

表 3-1　高压气井开井的操作步骤、危害结果及风险控制

操作步骤	危害结果	风险控制
准备工作	中毒,火灾,人身伤害	按规定穿戴好劳保用品和防护器具,正确选择、使用工具、用具
操作确认	人身伤害,设备损坏	确认施工任务,熟悉施工场地、流程、内容和施工步骤,明确监护人,做好安全隐患的识别并制定削减措施
开井前检查	环境污染、人员伤亡、伤害	① 检查安全阀是否合格并处于工作状态,排污阀、放空阀是否关闭。② 对计量设备、管汇台、管线进行检验,按要求操作阀门
接开井指令	生产事故	操作人员配备充足,分工清晰合理,接收正确指令,做好详细记录
启用水套炉	冰堵,水套炉炉膛爆炸,人身伤害	水位在2/3至满水位之间,燃气压力控制在合理工况之间,点火前炉膛通风时间不少于 5 min,先点火后开气,火焰大小随输气量大小进行调整,调节风门确保燃气充分燃烧,操作参数严格控制在生产要求范围内

操作步骤	危害结果	风险控制
导通流程	人身伤害	① 人员操作开关阀门时严禁正对阀杆。② 按照要求开启各级阀门,导通流程
建立背压	阀门操作困难	按照要求建立适当背压
开井	人身伤害,设备损坏	搭建操作台,操作阀门严禁正对阀杆,由内到外开启井口阀门
各级调压	爆炸,人身伤害	熟悉开井方案,准确调节节流阀开度,保持合适的各级节流压差;开关阀门正确,气路畅通;人员操作开关阀门不正对阀杆
启动流量计	计量仪表损坏,计量不准确	压力、产量调节平稳后开启流量计,启用流量计操作步骤规范,计量仪表选择符合工况要求
调产	生产事故	按照方案调产,确定产量
开井标识	人身伤害,误操作	及时标识阀门真实状态
记录	影响气井动态分析等事故	及时正确记录各项数据
以上各项操作	环境污染,人员中毒	严格按照操作规程作业,佩戴齐检测和防护器具

2. 高压气井关井

高压气井关井的操作步骤、危害结果及风险控制见表 3-2。

表 3-2　高压气井关井的操作步骤、危害结果及风险控制

操作步骤	危害结果	风险控制
准备工作	中毒,火灾,人身伤害	按规定穿戴好劳保用品和防护器具,正确选择、使用工具、用具
操作确认	人身伤害,设备损坏	确认施工任务,熟悉施工场地、流程、内容和施工步骤,明确监护人,做好安全隐患的识别并制定削减措施
关井前检查	人身伤害,设备损坏	安全阀处于工作状态,对设备进行检查,及时发现排除隐患

续表 3-2

操作步骤	危害结果	风险控制
接关井指令	生产事故	操作人员配备充足,分工清晰合理,接收正确指令,做好详细记录
关井口	人身伤害,设备损坏	搭建操作台,操作阀门严禁正对阀杆,由外到内关闭井口阀门
停计量仪表	仪表损坏	缓慢停用仪表,停用流量计操作步骤规范
停水套炉	人员伤亡,设备损坏	按水套炉操作维护规程进行操作,关闭燃气火源
分离器排污与计量	环境污染,人身伤害	① 人员操作开关阀门时严禁正对阀杆。② 及时更换开关标识牌。③ 执行操作规程及时排污与计量
开放空阀放空	人员伤亡,环境污染	按照关井方案放空点火
填好原始记录	影响气井动态分析	及时正确记录各项数据

3. 低压气井开井

低压气井开井的操作步骤、危害结果及风险控制见表 3-3。

表 3-3 低压气井开井的操作步骤、危害结果及风险控制

操作步骤	危害结果	风险控制
准备工作	中毒,火灾,人身伤害	按规定穿戴好劳保用品和防护器具,正确选择、使用工具、用具
操作确认	人身伤害,设备损坏	确认施工任务,熟悉施工场地、流程、内容和施工步骤,明确监护人,做好安全隐患的识别并制定削减措施
开井前检查	人身伤害,设备损坏	① 检查安全阀是否合格并处于工作状态。② 对计量设备、管汇台、管线进行检验
接开井指令	生产事故	接收正确指令,做好详细记录
流程导通	人身伤害	流程阀门开启:由低到高。井口阀门开启:由内到外。人员操作开关阀门时严禁正对阀杆

操作步骤	危害结果	风险控制
开井	人员伤亡,设备损坏	① 人员操作开关阀门时严禁正对阀杆。 ② 及时更换开关标识牌。 ③ 按先内后外原则逐一开启井口阀门
调整节流阀开度	超压,爆炸,人身伤害	熟悉开井方案,准确调节节流阀;人员操作开关阀门时不正对阀杆
启动流量计	计量仪表损坏,计量不准确	选择符合使用要求的计量仪表,按操作规程缓慢平稳启动计量仪表
调产	生产事故	按照方案调产,严格执行气井工作制度
开井标识	人身伤害,误操作	及时标识阀门工作状态
记录	影响气井动态分析结果	及时正确记录各项数据
以上各项操作	环境污染,人员中毒	严格按照操作规程作业,佩戴齐全检测和防护器具

4. 低压气井关井

低压气井关井的操作步骤、危害结果及风险控制见表 3-4。

表 3-4　低压气井关井的操作步骤、危害结果及风险控制

操作步骤	危害结果	风险控制
准备工作	中毒,火灾,人身伤害	按规定穿戴好劳保用品和防护器具,正确选择、使用工具、用具
操作确认	人身伤害,设备损坏	确认施工任务,熟悉施工场地、流程、内容和施工步骤,明确监护人,做好安全隐患的识别并制定削减措施
关井前检查	人身伤害,设备损坏	① 检查安全阀是否合格并处于工作状态。 ② 对计量设备及地面流程全面检查
接关井指令	生产事故	接收正确指令,做好详细记录
关井口	人身伤害,设备损坏	按正确顺序关闭井口阀门

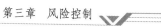

续表 3-4

操作步骤	危害结果	风险控制
停计量仪表	仪表损坏	缓慢停用仪表,停用流量计操作步骤规范
停水套炉	人身伤害,设备损坏	按水套炉操作维护规程进行操作,关闭燃气火源
放空、排污并计量	人身伤害,生产事故	① 人员操作开关阀门时严禁正对阀杆。 ② 及时更换开关标识牌。 ③ 及时排污并计量
开放空阀放空	人身伤害,环境污染	按照关井方案点火放空
填好原始记录	影响生产分析	及时正确记录各项数据

二、排水采气

1. 启动游梁式抽油机排水采气

启动游梁式抽油机排水采气的操作步骤、危害结果及风险控制见表 3-5。

表 3-5　启动游梁式抽油机排水采气的操作步骤、危害结果及风险控制

操作步骤	危害结果	风险控制
准备工作	中毒,火灾,人身伤害	按规定穿戴好劳保用品,正确选择、使用工具、用具
操作确认	人身伤害,设备损坏	确认施工任务,熟悉施工内容和施工步骤,明确监护人,做好安全隐患的识别并制定削减措施
启动前检查	设备损坏,触电,机械伤害,环境污染	① 操作时必须戴绝缘手套,用验电器验电,排除漏电隐患,拉、合闸必须侧身操作。 ② 检查、调整刹车确保灵活好用
倒换流程	人身伤害,环境污染	① 核实井号,倒流程时先开后关。 ② 开阀门时侧身平稳操作
启动开抽	设备损坏,人身伤害,触电	① 检查清理抽油机周围障碍物后松刹车。 ② 操作时必须戴绝缘手套,用验电器验电,排除漏电隐患,拉、合闸必须侧身操作

操作步骤	危害结果	风险控制
开抽后检查	触电,人身伤害	① 严格按照要求穿戴好劳动防护用品。 ② 开抽后严禁人员进入安全防护栏内,发现问题必须先停机后操作。 ③ 井口检查时,注意悬绳器运行位置,防止碰伤操作人员。 ④ 电气操作必须采取相应绝缘防护措施,戴好绝缘手套并进行验电,排除漏电隐患
警示标识	人员伤亡	操作者离井时必须悬挂警示牌
记录	影响气井动态分析	及时正确记录各项数据

2. 游梁式抽油机排水采气停用

游梁式抽油机排水采气停用的操作步骤、危害结果及风险控制见表 3-6。

表 3-6　游梁式抽油机排水采气停用的操作步骤、危害结果及风险控制

操作步骤	危害结果	风险控制
准备工作	中毒,火灾,人身伤害	按规定穿戴好劳保用品,正确选择、使用工具、用具
操作确认	人身伤害,设备损坏	确认施工任务,熟悉施工内容和施工步骤,明确监护人,做好安全隐患的识别并制定削减措施
按停止按钮	触电伤亡,抽油机下一次启动困难	① 操作时必须戴绝缘手套,用验电器验电,排除漏电隐患,拉、合闸必须侧身操作。 ② 正常生产井,将驴头停在上冲程 1/3～1/2;出砂井,将驴头停在上死点;气量大井,将驴头停在下死点
刹紧刹车	设备损坏,人身伤害	检查清理抽油机周围障碍物后刹紧刹车
警示标识	人员伤亡	在相应位置悬挂安全警示标识

续表 3-6

操作步骤	危害结果	风险控制
停抽后检查	机械伤害,触电,设备损坏,环境污染,人身伤害	刹紧刹车,必须拉闸断电后再进行设备检查;对设备进行维护保养,不带压操作
倒换流程	人身伤害,环境污染	① 核实井号,倒流程时先开后关。② 开阀门时侧身平稳操作。③ 严格按照操作规程作业
记录	影响气井生产动态正确分析;设备运行资料不齐全	及时正确记录各项数据
以上各项操作	环境污染,人员中毒	严格按照操作规程作业,佩戴齐全检测和防护器具

3. 启动电潜泵

启动电潜泵的操作步骤、危害结果及风险控制见表 3-7。

表 3-7　启动电潜泵的操作步骤、危害结果及风险控制

操作步骤	危害结果	风险控制
准备工作	中毒,火灾,人身伤害	按规定穿戴好劳保用品,正确选择、使用工具、用具
操作确认	人身伤害,设备损坏	确认施工任务,熟悉施工内容和施工步骤,明确监护人,做好安全隐患的识别并制定削减措施
启动前检查	触电,设备损坏,人身伤害	操作时必须戴绝缘手套,检查确认电源畅通,排除漏电隐患;参数选择符合要求,拉、合闸必须侧身操作
流程倒换	憋压,设备损坏,人身伤害	① 核实井号,倒流程时先开后关。② 开阀门时侧身平稳操作
合上外部电源空气开关	触电伤亡	① 操作时必须戴绝缘手套,用验电器验电,排除漏电隐患,拉、合闸必须侧身操作。② 严禁非专业人员打开接线盒
合上控制器电源开关	触电伤亡	操作时必须戴绝缘手套,用验电器验电,排除漏电隐患,拉、合闸必须侧身操作

操作步骤	危害结果	风险控制
启动	触电伤亡	电气操作必须采取相应绝缘防护措施,戴好绝缘手套并进行验电,排除漏电隐患
填好原始记录	影响生产分析	及时正确记录各项数据

4. 电潜泵停机

电潜泵停机的操作步骤、危害结果及风险控制见表 3-8。

表 3-8　电潜泵停机的操作步骤、危害结果及风险控制

操作步骤	危害结果	风险控制
准备工作	中毒,火灾,人身伤害	按规定穿戴好劳保用品,正确选择、使用工具、用具
操作确认	人身伤害,设备损坏	确认施工任务,熟悉施工内容和施工步骤,明确监护人,做好安全隐患的识别并制定削减措施
停机	触电伤亡,设备损坏	操作时必须戴绝缘手套,用验电器验电,排除漏电隐患,拉、合闸必须侧身操作
关控制器总开关	触电伤亡	操作时必须戴绝缘手套,用验电器验电,排除漏电隐患,拉、合闸必须侧身操作
关外部电源空气开关	触电伤亡	操作时必须戴绝缘手套,用验电器验电,排除漏电隐患,拉、合闸必须侧身操作
关闭油管闸阀,关闭生产流程	刺漏伤人,环境污染	① 核实井号,倒流程时先开后关。② 开阀门时侧身平稳操作
填好原始记录	影响生产分析	及时正确记录各项数据

5. 水淹停喷井或间歇生产井气举

水淹停喷井或间歇生产井气举的操作步骤、危害结果及风险控制见表 3-9。

表 3-9　水淹停喷井或间歇生产井气举的操作步骤、危害结果及风险控制

操作步骤	危害结果	风险控制
准备工作	中毒,火灾,人身伤害	按规定穿戴好劳保用品,正确选择、使用工具、用具

续表 3-9

操作步骤	危害结果	风险控制
操作确认	人身伤害,设备损坏	确认施工任务,熟悉施工内容和施工步骤,明确监护人,做好安全隐患的识别并制定削减措施
关闭计量仪表	计量仪表损坏	正确关闭被举井计量仪表
开气源井	气举管道泄漏、爆管,环境污染,人员中毒	① 打开气源井动作要缓慢。② 严格按照操作规程作业,佩戴齐检测和防护器具
打开被举井套管阀门	激动气井	打开被举井套管阀门时动作要缓慢
开启被举井	刺坏生产阀门	依次打开被举井生产阀门、针型阀;被举井阀门开启顺序应由内到外
观察压力	影响生产分析	观察油、套管压力变化,听针型阀处的流体流动声,进一步判断井内出水情况
开启气举管道计量仪表	损坏计量仪表	正确开启气举管道计量仪表
分离器排水	环境污染	将分离器的液面控制在 30 cm 以下,达到排液连续,不使液面过高,严禁使污水翻塔
开启被举井计量仪表	损坏计量仪表	气举稳定后开启计量仪表
填写记录	影响生产分析	按规定填写记录

6. 气举井停举关井

气举井停举关井的操作步骤、危害结果及风险控制见表 3-10。

表 3-10　气举井停举关井的操作步骤、危害结果及风险控制

操作步骤	危害结果	风险控制
准备工作	中毒,火灾,人身伤害	按规定穿戴好劳保用品,正确选择、使用工具、用具
操作确认	人身伤害,设备损坏	确认施工任务,熟悉施工内容和施工步骤,明确监护人,做好安全隐患的识别并制定削减措施

操作步骤	危害结果	风险控制
关闭气源井	刺坏气源井控制阀	依次关闭气举管道上的控制阀、气源井控制阀,停止向被举井注气
关闭被举井	刺坏井口阀门	被举井阀门关闭应由外到内依次进行,依次关闭被举井针型阀、生产闸阀,停止输气
停气举管道计量仪表	仪表损坏	严格按照操作规程进行停表
管道泄压	环境污染	泄压时动作要缓慢,若造成憋压,立即全关气源井,再泄压
停被举井计量仪表	仪表损坏	严格按照操作规程进行停表
填写记录	影响生产分析	按规定填写记录

7. 泵注发泡剂

泵注发泡剂的操作步骤、危害结果及风险控制见表 3-11。

表 3-11 泵注发泡剂的操作步骤、危害结果及风险控制

操作步骤	危害结果	风险控制
准备工作	静电,火灾,人身伤害	按规定穿戴好劳保用品,正确选择、使用工具、用具
操作确认	人身伤害,设备损坏	确认施工任务,熟悉施工内容和施工步骤,明确监护人,做好安全隐患的识别并制定削减措施
开机	管线爆裂	仔细检查井口旋塞阀,严格执行操作规程
全开通路各阀门	物体打击,环境污染,人员中毒	① 严格进行定期检验,操作时严禁高压软管旁边站人。② 严格按照操作规程作业,佩戴齐检测和防护器具
停泵	打击伤害,环境污染	严格按照操作规程作业
填写记录	影响生产分析	按规定填写记录

三、加热、分离及计量

1. 启动水套加热炉

启动水套加热炉的操作步骤、危害结果及风险控制见表 3-12。

表 3-12　启动水套加热炉的操作步骤、危害结果及风险控制

操作步骤	危害结果	风险控制
准备工作	中毒,火灾,人身伤害	正确穿戴劳保用品,选择、使用合适的工具、用具,对于含硫气井使用合格硫化氢防护用品
操作确认	误操作,设备损坏	进行该操作确认,进行操作前设备状况及操作程序确认(如地脚桩固定是否牢固等)
排空	炉膛内有残余天然气	全开炉膛配风系统排空至少 5 min
关闭水套炉排污阀	烧坏设备	关闭排污阀
向水套炉加水	堵塞	水套炉水要淹过气盘管
调节燃气压力	热效率低,火焰不能正常燃烧	按水套炉操作要求调节燃气压力
点燃火把,伸进炉膛火嘴口	爆燃	排空要尽,先点火,后开气
开启燃气控制阀门	火焰熄灭	缓慢开启燃气控制阀门
调节配风门开度	热效率低,火焰不能正常燃烧,积炭	逐渐加大燃烧量,同时调节配风门的开度,直至火焰完全燃烧为止
带负荷	堵塞	待炉温升至工况要求并高出约 20 ℃,水套炉投入保温,带负荷
回收工具、用具、油料	环境污染	废弃物不能随意丢弃,污水污油不能随意排放于环境中
记录	生产资料不全,影响生产分析	记录要记全、记准

2. 停用水套加热炉

停用水套加热炉的操作步骤、危害结果及风险控制见表 3-13。

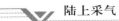

表 3-13　停用水套加热炉的操作步骤、危害结果及风险控制

操作步骤	危害结果	风险控制
准备工作	中毒,火灾,人身伤害	正确穿戴劳保用品,选择使用合适的工具、用具,对于含硫气井使用合格硫化氢防护用品
操作确认	操作失误,影响生产	要进行该操作的确认,进行操作前设备状况及操作程序确认
温炉	资源浪费	关小火焰温炉
排水	影响水套炉热效率	大排量排水至 2/3 高度
加药	影响水套炉热效率	加药约 3 kg
煮炉	影响水套炉热效率	大火焰煮炉 24 h,关小火焰
排污、加水	影响水套炉热效率	大排量排污排完,又加水到 2/3 高度
加药	影响水套炉热效率	加药约 3 kg
再次煮炉	影响水套炉热效率	煮炉 36 h,关小火焰
排水	影响水套炉热效率	快速排水排尽
烘干水套炉	水套炉腐蚀	要用小火烘炉,将水套炉烘干
熄火	水套炉损坏	烘干水套炉后及时熄火
回收工具、用具,清洁场地	环境污染	水套炉放出的污水要进入污水罐,不能随意往环境中排放
记录	生产资料不全,影响生产分析	记录要记全、记准

3. 水套加热炉防堵和反吹法解堵（高压管线）

水套加热炉防堵和反吹法解堵的操作步骤、危害结果及风险控制见表 3-14。

表 3-14　水套加热炉防堵和反吹法解堵的操作步骤、危害结果及风险控制

操作步骤	危害结果	风险控制
准备工作	为操作留下火灾、人身伤害隐患	正确穿戴劳保用品,选择、使用合适的工具、用具,对于含硫气井使用合格硫化氢防护用品
操作确认	误操作	要进行该操作的确认,进行操作前设备状况及操作程序确认

续表 3-14

操作步骤	危害结果	风险控制
停计量仪表	仪表损坏	缓慢关闭计量仪表
关井	物体打击,环境污染,人身伤害	操作时不能正对阀杆,按关井顺序关闭井口
关水套炉针型阀	环境污染	按操作规程关闭针型阀
开管汇台放喷针型阀	针型阀刺坏伤人	按操作规程关闭针型阀,针型阀正常开启后操作人员回到安全位置
开水套炉针型阀吹扫堵塞管段	人员窒息,物体打击	放空时操作人员要站在上风口,进行高压泄压及放喷时,放喷管要固定牢靠,各弯头气流流动方向或气流出口处不要有人
流程恢复	人员伤亡	按操作规程导通流程
回收工具、用具,清洁场地	环境污染	放空管放出的天然气要及时点火,操作产生的废弃物要妥善处置
记录	生产资料不全,影响生产分析	记录要记全、记准

4. 分离器排污

分离器排污的操作步骤、危害结果及风险控制见表 3-15。

表 3-15　分离器排污的操作步骤、危害结果及风险控制

操作步骤	危害结果	风险控制
准备工作	留下人身伤害隐患	① 正确穿戴劳保用品或选择、使用合适的工具、用具。 ② 对于含硫气井使用合格硫化氢防护用品
操作确认	误操作	① 操作前进行操作确认。 ② 操作内容、过程确认
排污前检查	人身伤害,设备损坏	污水管线固定牢靠,污水池附近排污时安排专人警戒
开启平板阀	阀门刺坏,阀门丝杆打出伤人	全开平板阀,开关阀门时不能正对阀杆

操作步骤	危害结果	风险控制
开启排污节流阀	环境污染,设备损坏,人员伤亡,中毒(硫化氢井)	排污阀开启要缓慢,排污过程中要密切关注液位计内液位下降情况,按操作规程操作阀门,操作时不能正对阀门阀杆(含硫气井硫化氢泄漏)
关闭排污阀	阀门刺坏	按开关顺序操作阀门
回收工具、用具,清洁场地	环境污染	妥善处理操作中产生的废弃物
记录	生产资料不全	记录要记全、记准

5. 用活塞式压力计测量井口压力

用活塞式压力计测量井口压力的操作步骤、危害结果及风险控制见表 3-16。

表 3-16　用活塞式压力计测量井口压力的操作步骤、危害结果及风险控制

操作步骤	危害结果	风险控制
准备工作	火灾,人身伤害	正确穿戴劳保用品,选择、使用合适的工具、用具,对于含硫气井使用合格硫化氢防护用品
操作确认	误操作,人身伤害	进行操作确认、操作程序确认、操作安全性确认
活塞式压力计使用前准备	测量结果不准,活塞式压力计损坏,测量失败	① 将活塞式压力计放于测压操作台上,调水平。 ② 测量前关闭活塞计上所有针型阀。 ③ 加油入油杯
记录井口压力		准确录取井口压力
拆卸井口压力表	物体打击	确定压力泄尽后才能进行卸表操作
连接井口与活塞式压力计	人身伤害,物体打击	① 管线要连接严密。 ② 在测井口压力前,置于压力计托盘上的砝码要高于井口压力(即卸表前的压力)1 MPa 左右

续表 3-16

操作步骤	危害结果	风险控制
吸油排空	测量不准	压力表下面油料流出后方可将泄压螺钉拧紧
开井口测压仪表阀	物体打击	缓慢打开井口测压仪表阀
开压力计上测压阀和连通阀	设备损坏,人身伤害	缓慢打开压力计上测压阀和连通阀
测压	物体打击	减砝码要慢
关闭井口测压阀	人身伤害	完全关闭井口测压阀
回油		
装井口压力表,恢复计量	井口压力记录缺失	装井口压力表,恢复计量
压力计拆除	设备损坏	轻拿轻放
清洁场地,收拾工具、用具	环境污染	操作完成后场地要清洁干净,不能对环境造成污染
记录	生产资料不全	记录要记全、记准

6. 清洗检查标准孔板节流装置

清洗检查标准孔板节流装置的操作步骤、危害结果及风险控制见表 3-17。

表 3-17 清洗检查标准孔板节流装置的操作步骤、危害结果及风险控制

操作步骤	危害结果	风险控制
准备工作	造成火灾、人身伤害、自燃隐患	① 正确穿戴劳保用品或选择、使用合适的工具、用具。② 对于含硫气井使用合格硫化氢防护用品
操作确认	误操作	确认操作的必要性,确认操作过程的准确性
倒流程、吹扫	流程损坏,刺漏,物体打击,人身伤害	按要求倒换流程;开关阀门,不能正对阀杆
停双波纹管差压计	仪表损坏	先停仪表后放空
放空,泄压	物体打击	泄压要确保压力泄尽
清洗、检查孔板	计量不准	孔板检查,使用合格孔板,孔板放入方向"小进大出"

续表 3-17

操作步骤	危害结果	风险控制
验漏	火灾爆炸	操作中动过的或影响到的密封处均需验漏
启动双波纹表	仪表损坏	启表要缓慢
回收工具,清场	环境污染	妥善处理操作产生的废弃物
记录	生产资料不全	记录要记全、记准

7. 清洗检查高级阀式孔板节流装置

清洗检查高级阀式孔板节流装置的操作步骤、危害结果及风险控制见表 3-18。

表 3-18　清洗检查高级阀式孔板节流装置的操作步骤、危害结果及风险控制

操作步骤	危害结果	风险控制
准备工作	火灾,人身伤害	① 正确穿戴劳保用品或选择、使用合适的工具、用具。② 对于含硫气井使用合格硫化氢防护用品
操作确认	人身伤害,设备损坏	熟悉施工内容和步骤,按安全标准化操作规程操作
停表	仪表损坏	按停表操作规程关闭仪表
取出孔板	物体打击,设备损坏	取出孔板时要确定上阀腔内压力已经泄完,操作齿轮轴时出现卡滞不能强硬操作
清洗,检查	环境污染,计量不准确,设备损坏	清洗的油不能洒落,孔板安装时要"小进大出",清洗检查孔板时要注意设备的保护
放入孔板	物体打击,设备损坏	盖板、压板完全封闭后才能给上阀腔充压,操作齿轮轴时出现卡滞不能强硬操作
注脂	泄漏	动一次滑阀要注一次密封脂
验漏	火灾爆炸	验漏应该包括对盖板密封验漏和滑阀密封验漏
启动计量装置	仪表损坏	启动计量装置时缓慢打开平衡阀
回收工具,清场	环境污染	妥善处理操作中产生的废弃物
记录	生产资料不全	记录要记全、记准

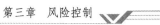

四、维护保养

1. 更换压力表

更换压力表的操作步骤、危害结果及风险控制见表 3-19。

表 3-19　更换压力表的操作步骤、危害结果及风险控制

操作步骤	危害结果	风险控制
准备工作	中毒,火灾,人身伤害	正确穿戴劳保用品,恰当选择、使用工具、用具;对于含硫气井佩戴齐硫化氢检测和防护器具,使用合格器具
操作确认	人身伤害,设备损坏	① 熟悉施工内容和步骤,正确操作。 ② 执行安全标准化操作规程。 ③ 确定天然气是否含有害物质,采取相应措施
拆卸压力表	人身伤害	① 操作时不正对阀杆,防止阀杆及手柄飞出。 ② 拆卸压力表前关闭取压阀、泄压放空。 ③ 选择合适扳手,正确操作,防止接头螺帽扳滑。 ④ 压力表拆卸后反扣摆放
安装压力表操作	人身伤害,设备损坏	① 选择合适量程、型号的压力表。 ② 密封垫选择合理。 ③ 采用一只密封垫为密封件。 ④ 安装后仔细验漏,不漏后才能开启取压阀。 ⑤ 核对拆卸前压力。 ⑥ 正确读取压力值
回收工具、用具、仪表	环境污染,人身伤害	回收工具、仪表,清理场地
记录	人身伤害,设备损坏	全面准确记录操作信息

2. 更换阀门

更换阀门的操作步骤、危害结果及风险控制见表 3-20。

表 3-20　更换阀门的操作步骤、危害结果及风险控制

操作步骤	危害结果	风险控制
准备工作	中毒,火灾,人身伤害	正确穿戴劳保用品,恰当选择、使用工具、用具;对于含硫气井佩戴齐硫化氢检测和防护器具,使用合格器具
操作确认	人身伤害,设备损坏	① 熟悉施工内容和步骤,正确操作。 ② 执行安全标准化操作规程。 ③ 确定天然气是否含有害物质,采取相应措施
停计量仪表	设备损坏	按停表操作规程关闭仪表
切断气源	人身伤害,设备损坏	切断设备、管道内气源
泄压	人身伤害,环境污染,人员中毒	确保设备、管道内无压力;排尽余气,防止含硫气井作业过程中硫化氢泄漏
拆卸	人身伤害	正确使用工具,防止拆卸螺栓时打滑;排尽阀腔内余气;活动手轮可防止闸板卡死;轻拿轻放防止阀门掉地
清洗	设备损坏,密封不严	清洗法兰密封面,选择合适密封件
安装	设备损坏,法兰泄漏	型号规格选择适当;安装方向正确;螺栓对角、均匀紧固;法兰间隙一致;活动阀门阀杆
验漏	人身伤害,环境污染,人员中毒	仔细验漏;排尽余气,防止含硫气井作业过程中硫化氢泄漏
回收工具、用具、油料	环境污染,人身伤害	回收工具、油料,清理场地
记录	人身伤害,设备损坏	全面准确记录操作信息

3. 更换针型阀

更换针型阀的操作步骤、危害结果及风险控制见表 3-21。

表 3-21 更换针型阀的操作步骤、危害结果及风险控制

操作步骤	危害结果	风险控制
准备工作	中毒,火灾,人身伤害	正确穿戴劳保用品,恰当选择、使用工具、用具;对于含硫气井佩戴齐硫化氢检测和防护器具,使用合格器具
操作确认	人身伤害,设备损坏	① 熟悉施工内容和步骤,正确操作。 ② 执行安全标准化操作规程。 ③ 确定天然气是否含有害物质,采取相应措施
停计量仪表	设备损坏	按停表操作规程关闭仪表
切断气源	人身伤害,设备损坏	切断设备、管道内气源
泄压	人身伤害,环境污染,人员中毒	确保设备、管道内无压力;排尽余气,防止含硫气井作业过程中硫化氢泄漏
拆卸	人身伤害	正确使用工具,防止拆卸螺栓时打滑;排尽阀腔内余气;活动手轮可防止阀尖卡死;稳拿轻放防止阀门掉地
清洗	设备损坏,密封不严	清洗法兰密封面,选择合适密封件
安装	设备损坏,法兰泄漏	型号规格选择适当;安装方向正确;螺栓对角、均匀紧固;法兰间隙一致;活动针型阀阀杆
验漏	人身伤害,环境污染,人员中毒	仔细验漏;排尽余气,防止含硫气井作业过程中硫化氢泄漏
回收工具、用具、油料	环境污染,人身伤害	回收工具、油料,清理场地
记录	人身伤害,设备损坏	全面准确记录操作信息

4. 更换阀门密封

更换阀门密封的操作步骤、危害结果及风险控制见表 3-22。

表 3-22 更换阀门密封的操作步骤、危害结果及风险控制

操作步骤	危害结果	风险控制
准备工作	中毒,火灾,人身伤害	正确穿戴劳保用品,恰当选择、使用工具、用具;对于含硫气井佩戴齐硫化氢检测和防护器具,使用合格器具

操作步骤	危害结果	风险控制
操作确认	人身伤害,设备损坏	① 熟悉施工内容和步骤,正确操作。 ② 执行安全标准化操作规程。 ③ 确定天然气是否含有害物质,采取相应措施
更换前检查	人身伤害,环境污染,人员中毒	① 更换阀门密封时确认腔室不带压。 ② 开关阀门时人身不能正对阀杆。 ③ 卸松压盖螺帽后观察旧填料未发生变化方可卸松压盖螺帽。 ④ 丝杆锈蚀、变形需更换或维修。 ⑤ 清除填料函内杂质
更换	人身伤害	更换密封填料时阀腔不能带压;按规定加够同规格填料,两填料接口间须错开;对角上紧压盖螺帽
验漏	人身伤害,环境污染,人员中毒	仔细对填料函附近验漏,活动阀门避免卡死;排尽余气,防止含硫气井作业过程中硫化氢泄漏
回收工具、用具、油料	环境污染,人身伤害	回收工具、油料,清理场地
记录	人身伤害,设备损坏	全面准确记录操作信息

5. 保养阀门

保养阀门的操作步骤、危害结果及风险控制见表 3-23。

表 3-23 保养阀门的操作步骤、危害结果及风险控制

操作步骤	危害结果	风险控制
准备工作	中毒,火灾,人身伤害	正确穿戴劳保用品,恰当选择、使用工具、用具;对于含硫井佩戴齐硫化氢检测和防护器具;使用合格器具
操作确认	人身伤害,设备损坏	① 熟悉施工内容和步骤,正确操作。 ② 执行安全标准化操作规程。 ③ 确定天然气是否含有害物质,采取相应措施。 ④ 保养阀门时相关联的设备、管线应不带压

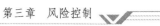

操作步骤	危害结果	风险控制
拆卸	人身伤害	正确使用工具,防止拆卸螺栓时打滑;排尽阀腔内余气;活动手轮可防止闸板卡死;稳拿轻放防止阀门掉地
清洗	设备损坏,密封不严	① 清洗法兰密封面,防止泄漏刺坏密封面。 ② 铜套内无杂质或压盖无锈蚀,不出现卡死。 ③ 阀门丝杆清洁光滑,不变形。 ④ 阀腔内无杂质。 ⑤ 更换填料
安装	设备损坏,法兰泄漏	型号规格选择适当;安装方向正确;螺栓对角、均匀紧固;法兰间隙一致;活动针型阀阀杆
验漏	人身伤害,环境污染,人员中毒	试压合格才能投入使用;仔细验漏;排尽余气,防止含硫气井作业过程中硫化氢泄漏
回收工具、用具、油料	环境污染,人身伤害	回收工具、油料,清理场地
记录	人身伤害,设备损坏	全面准确记录操作信息

6. 手动注油枪加油

手动注油枪加油的操作步骤、危害结果及风险控制见表 3-24。

表 3-24　手动注油枪加油的操作步骤、危害结果及风险控制

操作步骤	危害结果	风险控制
准备工作	中毒,火灾,人身伤害	正确穿戴劳保用品,恰当选择、使用工具、用具;对于含硫气井佩戴齐硫化氢检测和防护器具,使用合格器具
操作确认	人身伤害,设备损坏	① 熟悉施工内容和步骤,正确操作。 ② 执行安全标准化操作规程。 ③ 确定保养对象介质是否含有害物质,采取相应措施
打开润滑脂	环境污染	固定地点加注

操作步骤	危害结果	风险控制
拉开弹簧锁杆	人身伤害	确认卡死锁杆
打开压盖	环境污染	固定地点加注
加注密封脂	环境污染	固定地点加注
松开锁杆	人身伤害	拉住锁杆回位
连接黄油嘴、注脂孔	环境污染,人员中毒	① 连接牢固润滑脂接头。 ② 确定注脂口无压。 ③ 选定正确型号黄油嘴、注脂嘴
加注密封脂	环境污染,人员伤亡	加注润滑脂适量;人员不正对油枪锁杆;活动手柄姿势正确
回收工具、用具、油料	环境污染,人身伤害	回收工具、油料,清理场地
记录	人身伤害,设备损坏	全面准确记录操作信息

7. 平衡罐加注缓蚀剂

平衡罐加注缓蚀剂的操作步骤、危害结果及风险控制见表 3-25。

表 3-25 平衡罐加注缓蚀剂的操作步骤、危害结果及风险控制

操作步骤	危害结果	风险控制
准备工作	中毒,火灾,人身伤害	正确穿戴劳保用品,恰当选择、使用工具、用具;对于含硫气井佩戴齐硫化氢检测和防护器具,使用合格器具
操作确认	人身伤害,设备损坏	① 熟悉施工内容和步骤,正确操作。 ② 执行安全标准化操作规程。 ③ 确定保养对象介质是否含有害物质,采取相应措施
关闭阀门	人身伤害,设备损坏,人员中毒	关闭平衡阀和缓蚀剂注入阀
开启放空阀	环境污染,人员中毒	① 排空时操作人员站在上风口。 ② 压力排尽进行施工。 ③ 缓慢开启,预防罐内药剂外溢
加药	人身伤害,人员中毒	药剂有一定毒性、腐蚀性,戴胶皮手套、口罩等劳动保护用品;上罐顶操作时,操作人员行动谨慎,防止滑倒、摔伤;缓慢加注缓蚀剂

续表 3-25

操作步骤	危害结果	风险控制
泄压,恢复生产	人身伤害,人员中毒	① 开平衡阀,待罐内压力与注入点压力一致开注入阀。 ② 排空时操作人员站在上风口。 ③ 压力排尽后开关阀门
回收工具、用具、药剂	环境污染,人身伤害	回收工具、药剂,清理场地
记录	人身伤害,设备损坏	全面准确记录操作信息

8. 润滑和密封差压式密封弹性闸阀

润滑和密封差压式密封弹性闸阀的操作步骤、危害结果及风险控制见表 3-26。

表 3-26 润滑和密封差压式密封弹性闸阀的操作步骤、危害结果及风险控制

操作步骤	危害结果	风险控制
准备工作	中毒,火灾,人身伤害	正确穿戴劳保用品,恰当选择、使用工具、用具;对于含硫气井佩戴齐硫化氢检测和防护器具;使用合格器具
操作确认	人身伤害,设备损坏	① 熟悉施工内容和步骤,正确操作。 ② 执行安全标准化操作规程。 ③ 确定保养对象介质是否含有害物质,采取相应措施。 ④ 润滑和密封闸阀时相关联的设备、管线无压
注润滑脂	人员伤亡,中毒	① 在规定的时间、部位加注型号相同的润滑脂。 ② 合理加注润滑脂量。 ③ 选择合格的润滑脂。 ④ 在不带压注脂情况下,打开压盖前,检查注脂口是否漏气。 ⑤ 活动阀门使润滑脂注入到位。 ⑥ 防止含硫气井作业过程中硫化氢泄漏

操作步骤	危害结果	风险控制
注密封脂	人员伤亡,中毒	① 在规定的时间、部位加注型号相同的密封脂。 ② 合理加注密封脂量。 ③ 选择合格的密封脂。 ④ 在带压注脂情况下,打开压盖前,检查注脂口是否漏气。 ⑤ 活动阀门使密封脂注入到位。 ⑥ 防止含硫气井作业过程中硫化氢泄漏
回收工具、用具、油料	环境污染,人身伤害	回收工具、油料,清理场地
记录	人身伤害,设备损坏	全面准确记录操作信息

9. 地面设备除锈上漆

地面设备除锈上漆的操作步骤、危害结果及风险控制见表 3-27。

表 3-27　地面设备除锈上漆的操作步骤、危害结果及风险控制

操作步骤	危害结果	风险控制
准备工作	中毒,火灾,人身伤害	正确穿戴劳保用品,恰当选择、使用工具、用具;对于含硫气井佩戴齐硫化氢检测和防护器具;使用合格器具
操作确认	人身伤害,设备损坏	① 熟悉施工内容和步骤,正确操作。 ② 执行安全标准化操作规程。 ③ 确定保养对象介质是否含有害物质,采取相应措施
脱脂,除锈	人身伤害,环境污染	采取防尘、防飞溅措施
喷涂	环境污染	采取喷涂保护
回收工具、用具、油料	环境污染,人身伤害	回收工具、油料、漆料,清理场地
记录	人身伤害,设备损坏	全面准确记录操作信息

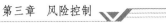

五、其他作业

1. 天然气放空

天然气放空的操作步骤、危害结果及风险控制见表 3-28。

表 3-28　天然气放空的操作步骤、危害结果及风险控制

操作步骤	危害结果	风险控制
准备工作	火灾,人身伤害	正确穿戴劳保用品,选择、使用合适的工具、用具;对于含硫气井使用合格硫化氢防护用品
操作确认	误操作,人身伤害,设备损坏	操作确认,操作设备及操作流程确认
放空前检查	人身伤害	放空管口未固定牢靠
做好警戒	人身伤害	做好放空的安全警戒工作
记录进出站压力	资料不全	记录进出站压力,记全、记准
停流量计	仪器损坏	缓慢停流量计
倒换流程	设备损坏,物体打击	按操作要求倒换流程,开关阀门时不能正对阀杆
点火放空	环境污染,燃烧、爆炸	放空要及时点火,放空操作要平缓,放空时要注意环境保护,放空时要加强监测,能及时发现异常情况
场地清洁,回收工具、用具	环境污染	放空后要清洁场地
记录	影响资料收集	做好作业记录

2. 井口应急放喷泄压

井口应急放喷泄压的操作步骤、危害结果及风险控制见表 3-29。

表 3-29　井口应急放喷泄压的操作步骤、危害结果及风险控制

操作步骤	危害结果	风险控制
准备工作	火灾,人身伤害	正确穿戴劳保用品,选择、使用合适的工具、用具;对于含硫气井使用合格硫化氢防护用品
操作确认	误操作	操作确定,泄压设备确定,泄压操作流程确定
报告险情	处置延误,处置不当	及时上报

操作步骤	危害结果	风险控制
警戒疏散	人身伤害,火灾爆炸	及时警戒
应急小组进入现场	人身伤害	要对现场各种风险进行正确评估,避免在操作过程中出现意外险情
连接泄压管线	物体打击	管线要固定牢靠,管线的固定弯头处和出口处要加强固定
高压管段验漏	人身伤害	开气要缓慢
泄压	设备损坏,人员伤亡,环境污染	泄压设备压力等级与井口压力配套,泄压管线无泄漏、堵塞现象,检查到位,泄压放空及时
点火放空	人员伤亡,环境污染,火灾爆炸	点火人员未在上风方向,离点火口距离少于 5 m,未使用专用点火工具点火,天然气等井内物体放出后未能及时有效点火,井内喷出的污物要有效控制与处理
拆卸泄压流程	物体打击	泄压放空,压力为 0 后再拆卸流程
汇报抢险结果	影响处置	及时、明确汇报处理结果
清洁场地,回收工具、用具	环境污染	清洁场地,不能把污染物往环境中排放
记录	生产资料不全	记录要记全、记准

3. 井下安全阀操作

井下安全阀操作的操作步骤、危害结果及风险控制见表 3-30。

表 3-30 井下安全阀操作的操作步骤、危害结果及风险控制

操作步骤	危害结果	风险控制
准备工作	火灾,人身伤害	按规定穿戴好劳保用品,正确选择、使用工具、用具
操作确认	人身伤害,设备损坏	确认施工任务,熟悉施工内容和施工步骤,明确监护人,做好安全隐患的识别并制定削减措施

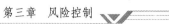

续表 3-30

操作步骤	危害结果	风险控制
操作前检查	人身伤害,设备损坏,接头破裂	① 对员工进行培训并考核合格。 ② 油箱内液压油介于液位计上下限之间,安全溢流阀处于正常状态。 ③ 压力表显示正常。 ④ 地面高压管线无泄漏。 ⑤ 导压管连接头连接紧固
建立驱动气源	设备损坏	根据液压启动值设定驱动气源压力
建立液压通路	影响井下安全阀的开关	正确操作,保证液压管路正常导通
管线增压	液压管路泄漏	驱动压力根据井下安全阀的液压驱动压力而定
打开井下安全阀	井下安全阀不能正常打开	确保液压管路压力符合要求
回收工具、用具	环境污染	清洁场地,回收工具
记录	影响生产分析	记录要记全、记准

4. 井口安全系统操作

井口安全系统操作的操作步骤、危害结果及风险控制见表 3-31。

表 3-31　井口安全系统操作的操作步骤、危害结果及风险控制

操作步骤	危害结果	风险控制
准备工作	火灾,人身伤害	按规定穿戴好劳保用品,正确选择、使用工具、用具
操作确认	人身伤害,设备损坏	确认施工任务,熟悉施工内容和施工步骤,明确监护人,做好安全隐患的识别并制定削减措施
开井前检查	人员伤亡,设备损坏	① 对员工进行培训并考核合格。 ② 检查气井生产是否正常、管线输气压力是否正常。 ③ 检查液位计显示是否到达规定位置。 ④ 检查指示计是否正常。 ⑤ 检查氮气包是否完好

操作步骤	危害结果	风险控制
关闭泄压阀	人身伤害,设备损坏	① 液控管线:安装正确,并有可靠保护装置。② 油、气管线密封不渗不漏。③ 系统按规定试压合格
打压	人身伤害,设备损坏	手动打压,直到符合井口生产压力为准
设定远程控制压力	人身伤害,设备损坏	通过观察设定控制压力
关闭总阀	人身伤害,设备损坏	表压、气源、储能器、管汇等压力调至规定值
打开泄压阀	人身伤害,设备损坏	手柄位置正确,开关灵活,密封可靠
高压超过 21 MPa 的标准操作:关闭泄压阀	人身伤害,设备损坏	① 液控管线:安装正确,并有可靠保护装置。② 油、气管线密封不渗不漏。③ 系统按规定试压合格
打开氮气瓶	人身伤害,设备损坏	打开氮气瓶作为平衡压力
打开旁通阀	人身伤害,设备损坏	系统按规定试压合格
调节压力	人身伤害,设备损坏	表压、气源、储能器、管汇等压力调至规定值
打开泄压阀	人身伤害,设备损坏	手柄位置正确,开关灵活,密封可靠
回收工具、用具	环境污染	及时清洁、回收工具
记录	影响生产分析	及时正确记录各项数据

5. 巡回检查

巡回检查的操作步骤、危害结果及风险控制见表 3-32。

表 3-32　巡回检查的操作步骤、危害结果及风险控制

操作步骤	危害结果	风险控制
准备工作	人身伤害	按规定穿戴好劳保用品,正确选择、使用工具、用具

续表 3-32

操作步骤	危害结果	风险控制
检查确认	人身伤害,设备损坏	确认检查任务,熟悉检查内容和检查步骤,明确监护人,做好安全隐患的识别并制定削减措施
检查值班室	火灾,触电,爆炸,人身伤害	值班室内物品摆放整齐,不得堵塞安全通道;严格按规定使用电气设施,严禁私拉乱接,定期检查
检查井口	火灾,爆炸,人身伤害	及时清干方井积水,确认阀门开启灵活、无渗漏,采气管线固定牢固
检查管汇台	人身伤害	确认阀门开启灵活、无渗漏,管汇台、放喷管线固定牢固
检查水套炉	人身伤害,设备损坏	确认地脚桩固定牢固,水位计有水,水套炉放水阀门开启灵活、无渗漏,水套炉内管线及点火部位正常,温度计的温度正常
检查分离器	人身伤害,爆炸,火灾,设备损坏	确认地脚桩固定牢固,液位计严格控制在下限,附属阀门、安全阀、放空阀工作正常
检查流程计量仪表	人身伤害,环境污染	检查流程计量仪表时,保持一定的安全距离;确认井口流程畅通、无渗漏,井口产气正常
检查排污灌	火灾,爆炸,环境污染,人身伤害	确认地脚螺丝连接牢固、无腐蚀,扶梯焊接牢固、无腐蚀,防静电、焊接装置、接地良好,呼吸阀性能良好,液位计计量准确,排污阀开关灵活、密封良好,安全平台固定牢固
检查消防棚	人身伤害,火灾	确认使用期限有效,灭火器压力正常,安全栓牢固、无泄漏,喷嘴未堵塞,干粉未凝固,表面无腐蚀
检查周边环境	火灾	及时清除井场周围油污、杂草
回收工具、用具	环境污染	及时清洁、回收工具
记录	影响生产分析	做好详细记录

第二节　集气作业风险控制

一、清管

1. 清管发球

清管发球的操作步骤、危害结果及风险控制见表3-33。

表 3-33　清管发球的操作步骤、危害结果及风险控制

操作步骤	危害结果	风险控制
准备工作	人身伤害,管道堵塞,停输,火灾,爆炸	① 正确穿戴劳保用品,正确使用工具、用具。 ② 选择适当清管器具。 ③ 含硫气管线清管采用湿式作业
操作确认	压力波动,憋压,爆炸,火灾	制定完善的施工方案并组织学习,明确施工任务
发球筒准备,开放空阀泄压,开快开盲板	人身伤害,设备损坏	① 发球筒上球阀、旁通阀关闭到位,无内漏。 ② 球筒放空泄压到零。 ③ 人员规范操作
将清管器具放入发球筒大小头部位	人身伤害,设备损坏	① 人员配合默契,规范操作。 ② 清管器具平稳操作
关闭快开盲板、放空阀	设备损坏	① 关闭快开盲板时要平稳,严禁大力撞击损坏设备和密封圈。 ② 放空阀关闭到位。 ③ 熟知阀门操作规程,确认阀门开关方向
开发球筒进气阀,平衡清管器具前后压力	设备损坏,人身伤害	① 球筒平稳进气避免造成压力激动。 ② 球筒缓慢升压。 ③ 人员站位正确,人员不能正对阀门阀杆操作,不能站在筒体轴线方向快开盲板一侧

续表 3-33

操作步骤	危害结果	风险控制
全开清管阀	设备损坏	① 熟知阀门操作规程,确认阀门开关方向。 ② 确保清管阀全开
关输气管线主阀,推球进入输气管道	设备损坏	① 控制适当输气量,避免压力激动,造成发球筒震动过大。 ② 清管器具与发球筒大小头有效密封,保证清管器具前后形成适当压差
清管器具运行检测	设备损坏	① 检测进气量与进气压力,控制器具运行速度 ② 检测器具运行状况,保证清管质量
开输气管线主阀	人身伤害	人员站位正确,操作规范
关清管阀同时关闭球筒进气阀	人身伤害	人员站位正确,操作规范
打开发球筒放空阀放空,开快开盲板检查、保养发球筒	物体打击,人身伤害	① 确保发球筒压力泄压为零。 ② 使用适当的工具。 ③ 人员站位正确,操作规范
回收工具、用具	环境污染	及时清洁、回收工具
记录(发球时间、进气量、进气压力、清管器具相关信息等)	影响生产分析	做好详细记录

2. 清管收球

清管收球的操作步骤、危害结果及风险控制见表 3-34。

表 3-34 清管收球的操作步骤、危害结果及风险控制

操作步骤	危害结果	风险控制
准备工作	人身伤害,设备损坏,管道堵塞、停输,环境污染,火灾,爆炸	① 正确穿戴劳保用品,正确使用工具、用具。 ② 收球装置完善。 ③ 排污放空设施完善。 ④ 含硫气管线采用湿式作业

操作步骤	危害结果	风险控制
操作确认	压力波动,憋压,爆炸,火灾	制定完善的施工方案并组织学习,明确施工任务
收球筒准备(放空系统、排污系统、清管旁通及计量系统完善)	人身伤害,设备损坏	① 收球筒上球阀关闭到位,确保收球筒压力为零。 ② 准备合格的仪器仪表。 ③ 确保放空、排污系统完好
在收球筒前 500~1 000 m 处安装指示信号发射器一套或设置监听人员	设备损坏	指示信号发射器有效连接或固定,监听人员到位负责
通过计算和分析确定清管器具到达前 30 min 关闭收球筒上放空阀和排污阀	人身伤害	人员规范操作
开球筒清管旁通平衡球筒压力	设备损坏,人身伤害	① 阀门操作平稳避免造成球筒压力激动和损坏压力表。 ② 开阀门时人员站位正确,规范操作
全开球阀,关闭输气管线进气阀	人身伤害	人员规范操作
排污,放空,引球	设备损坏,环境污染,人身伤害,火灾	① 确保清管球阀完全打开。 ② 放空时先点火。 ③ 排污时控制适当速度,避免污物冲击液面。 ④ 人员规范操作。 ⑤ 含硫天然气管线排污口采用湿式作业。 ⑥ 污物池(罐)有足够的容量
开输气阀,关球阀,关旁通阀	人身伤害	人员规范操作
取球	设备损坏,火灾,环境污染,人身伤害	① 使用适当工具、用具。 ② 含硫天然气管线排污口采用湿式作业。 ③ 排净球筒中污物。 ④ 收球筒泄压到零。 ⑤ 人员规范操作

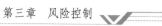

续表 3-34

操作步骤	危害结果	风险控制
收球筒维护保养	物体打击,人身伤害	① 使用适当的工具、用具。 ② 人员规范操作
回收工具、用具	环境污染	及时清洁、回收工具
清管器具检查,测量描述及相关记录	影响生产分析	做好详细记录

二、管线腐蚀检测

1. 地下管道防腐层检漏

地下管道防腐层检漏的操作步骤、危害结果及风险控制见表 3-35。

表 3-35 地下管道防腐层检漏的操作步骤、危害结果及风险控制

操作步骤	危害结果	风险控制
检测准备	人身伤害,设备损坏	正确佩戴检测仪器,设备做好防水保护,正确穿戴劳保用品、使用工具,小心搬运发射机
安装发射机	人员触电	发射机电源由专人监护
发射机开机	设备损坏	正确选择电源,正确接地,正确连接管线,正确选择输出电流,正确选择发射机频率
A 型架与接收机连接	设备损坏	正确连接 A 型架及接收机
接收机开机		正确安装电池电极
接收机操作(破损点检漏)		正确选择接收机频率
接收机操作(管线定位)		正确选择接收机频率
接收机操作(破损点检漏)		发射机接地信号与检测信号正确连接
管线及破损点定位	环境污染	管线及破损点定位尽量避免踩踏农田作物、管线及破损点定位标识
关闭发射机	设备损坏	按正确程序关机
设备收集	设备损坏	搬运发射机、接收机、A 型架时小心轻放

操作步骤	危害结果	风险控制
废弃物回收	环境污染	废弃物统一回收
复原管道设施	设备损坏	关闭电位桩盖,避免接线柱遭受风雨剥蚀,锈蚀,损坏

2. 管线管地电位测试

管线管地电位测试的操作步骤、危害结果及风险控制见表 3-36。

表 3-36　管线管地电位测试的操作步骤、危害结果及风险控制

操作步骤	危害结果	风险控制
准备工作	人身伤害	正确穿戴劳保用品,正确选择、使用工具、用具
浸泡硫酸铜参比电极	环境污染	浸泡硫酸铜参比电极的水有效回收
检测万用表	环境污染	万用表中废弃电池按规定回收
放置参比电极	设备损坏,污染环境	使用参比电极时应小心轻放,避免硫酸铜溶液流出
测量管地电位	人身伤害	测量时测量人员应有一定防护设施,有意识避免摔倒或被动物咬伤等
回收工具、用具	环境污染	硫酸铜参比电极应及时回收
复原管道设施	设备损坏	关闭测试桩盖,避免接线柱遭受风雨剥蚀,锈蚀,损坏

3. 集气管线阴极保护系统恒电位仪操作

集气管线阴极保护系统恒电位仪操作的操作步骤、危害结果及风险控制见表 3-37。

表 3-37　集气管线阴极保护系统恒电位仪操作的操作步骤、危害结果及风险控制

操作步骤	危害结果	风险控制
穿戴劳保用品及准备工具、器具	人身伤害,触电,设备损坏	① 正确穿戴劳保用品。 ② 正确按照设备操作规程操作。 ③ 正确使用工具和设备
操作调试方案制定	恒电位仪设备损坏	熟悉恒电位仪操作规程

续表 3-37

操作步骤	危害结果	风险控制
开机前检测	人身伤害,触电,设备损坏	① 熟悉强制电流阴极保护操作流程。 ② 阳极地床接地电阻符合规定范围。 ③ 电源电压稳定,输入电压符合设备要求。 ④ 正确连接恒电位仪和管道及阳极地床之间连线
开机	人身伤害,触电,设备损坏	① 恒电位仪接地良好。 ② 电源接通后,恒电位仪所有参数调到最小,逐步按照调试方案和操作规程调试和操作
系统调试	设备损坏	① 按照操作规程和方案调试到最佳参数。 ② 出现设备报警时及时终止调试
恒电位运行	设备损坏	① 具有稳定电压。 ② 恒电位仪按照规定定期维护保养。 ③ 停电后按规范的操作流程开机
系统维护保养		定期专人维护保养,按照国标要求强制每月定期检查一次电流阴极保护系统
关机	设备损坏	按照操作规程先调整参数到最小,再关设备电源,然后关控制电源,最后关总电源

三、脱硫、脱水

1. 气体干法脱硫

气体干法脱硫的操作步骤、危害结果及风险控制见表 3-38。

表 3-38 气体干法脱硫的操作步骤、危害结果及风险控制

<table>
<tr><th colspan="2">操作步骤</th><th>危害结果</th><th>风险控制</th></tr>
<tr><td rowspan="3">准备工作</td><td>穿戴劳保用品,选择合适的工具</td><td>人身伤害</td><td>正确穿戴劳保用品,选择、使用合适的工具、用具</td></tr>
<tr><td>佩戴正压式空气呼吸器</td><td>人员中毒</td><td>佩戴合格的正压式空气呼吸器</td></tr>
<tr><td>佩戴便携式硫化氢检测仪</td><td>人员中毒</td><td>佩戴合格的便携式硫化氢检测仪</td></tr>
<tr><td rowspan="6">装脱硫剂</td><td>确认脱硫塔进出口阀门、放空阀门、排污阀门已关闭</td><td>人员中毒,火灾,爆炸,人身伤害,设备损坏</td><td>① 佩戴合格的正压式空气呼吸器。
② 规范操作阀门,对关键阀门要确认开关位置正确。
③ 确保脱硫塔进出气阀门、放空阀门、排污阀门已关闭,阀门无内漏</td></tr>
<tr><td>确认进出口管线阀门已加装盲板(靠近设备一侧),并做好标识</td><td></td><td></td></tr>
<tr><td>打开装料、卸料孔,检测硫化氢质量浓度不高于 10 mg/m³</td><td>人员中毒</td><td>佩戴合格的正压式空气呼吸器和硫化氢监测仪</td></tr>
<tr><td>在脱硫塔底的格算板上铺设 2 层网孔不大于 ϕ4 mm 的不锈钢丝网,网上面铺设厚度为 80~100 mm、粒度为 20~30 mm 的瓷球,瓷球上再放置 2 层网孔不大于 ϕ4 mm 的丝网</td><td></td><td></td></tr>
<tr><td>关闭卸料孔</td><td>人身伤害</td><td>① 正确使用工具。
② 对称锁紧卸料孔锁紧螺帽,以防发生泄漏</td></tr>
<tr><td>检查脱硫剂情况,如果粉化严重和潮湿则不能装料</td><td></td><td></td></tr>
</table>

续表 3-38

	操作步骤	危害结果	风险控制
装脱硫剂	向料斗里加料,严禁混入袋子等杂物,用电动葫芦吊起料斗至待装脱硫塔进口,打开料斗卸料口,将脱硫剂装入脱硫塔	物体打击,高处坠落,人身伤害	① 高处(塔顶)的作业人员按规定系好安全带。 ② 高处作业人员使用工具或其他物体设置安全绳。 ③ 升降设备应具有安全保险装置。 ④ 操作人员规范操作,杜绝"三违"
	装料过程保证脱硫剂能均匀平铺不粉碎	天然气在塔内偏流	脱硫剂均匀平铺
	装料完毕,取出装料布袋,关闭装料孔	人身伤害	① 正确使用工具。 ② 对称锁紧装料孔锁紧螺帽
	拆除盲板	人身伤害	正确使用工具
置换	用氮气置换塔内空气,氧气体积分数低于2%为合格	空气未置换合格	按规定进行置换
	用净化天然气置换氮气,以放空火炬火焰点燃为置换合格,氮气置换完成后关闭放空阀	人身伤害	① 阀门操作平稳,避免速度过快。 ② 开阀门时站位正确,规范操作
升压	开启脱硫塔出口阀逐步升压,升压速度不能高于 0.1 MPa/min	吹散脱硫剂,爆炸	平稳升压
倒塔运行	检查各塔密封点有无泄漏	中毒,火灾,爆炸	密封点、密封件完好可靠、无泄漏
	根据生产工况倒换脱硫塔,确定生产塔与备用塔		
	检查阀门开关状态,导通生产塔进出气阀门,关闭备用塔进出气阀门	爆炸,人身伤害	根据生产需要,仔细检查流程阀门开关情况,阀门规范操作

操作步骤		危害结果	风险控制
倒塔运行	测量脱硫塔进出口天然气中硫化氢的质量浓度,当出口硫化氢质量浓度接近 20 mg/m³ 时,倒换脱硫塔,更换脱硫剂	硫化氢浓度超标	① 选择适当的脱硫剂。 ② 及时倒塔生产,控制脱硫塔出口硫化氢质量浓度低于 20 mg/m³
卸脱硫剂	关闭待卸脱硫塔进出口阀门	中毒,火灾,爆炸,人身伤害,设备损坏	确认脱硫塔进出口阀门已经关闭
	开启放空阀门泄压,泄压速度不得高于 0.1 MPa/min	人身伤害	① 开阀门时动作要平稳、缓慢,不能用力过猛。 ② 开阀门时站位正确,侧身平稳操作。 ③ 严格控制放喷速度
	放空完毕,用净化天然气置换原料气,检测硫化氢质量浓度不高于 10 mg/m³ 为置换合格	硫化氢浓度超标	按规定进行置换
	用氮气置换待卸脱硫塔内净化天然气,以放空火炬火焰熄灭为置换合格,氮气置换完毕后关闭脱硫塔放空阀	天然气浓度超标	按规定进行置换
	确认进出口管线阀门已加装盲板(靠近设备一侧),使卸料塔与系统隔离并做好标识	中毒	检查阀门开关及内漏情况

续表 3-38

操作步骤	危害结果	风险控制
卸脱硫剂		
往塔顶进水口注水浸泡脱硫剂	火灾,中毒,高处坠落,高处落物	① 充分浸泡脱硫塔内的脱硫剂。 ② 现场作业人员应按有关规定进行作业,如地面作业人员应戴好安全帽、高处(塔顶)的作业人员应系好安全带等。 ③ 地面作业人员应随时注意高处(塔顶)的情况。 ④ 高处(塔顶)的作业人员应按规定将工具或其他物体放置好
从排污阀放水	环境污染	对污水进行有效回收集中处理
打开卸料孔	中毒,火灾	① 佩戴合格的正压式空气呼吸器或防毒面具。 ② 打开卸料孔时用水龙头浇淋
确认卸料区硫化氢质量浓度不高于 $10\ mg/m^3$	中毒	佩戴合格的正压式空气呼吸器
卸货车停于卸料人孔以下,车箱内铺上防雨油布,将脱硫剂掏出顺卸料槽滑入自卸货车内	火灾,环境污染,中毒	① 采用湿式作业。 ② 佩戴合格的正压式空气呼吸器或防毒面具。 ③ 采取有效措施避免脱硫剂散落
将装满废料的自卸货车转运至废料中转场	环境污染	车辆进行有效保护避免脱硫剂沿途散落
冲洗脱硫塔及场地	环境污染	污水进行有效回收集中处理

2. 三甘醇脱水撬开车

三甘醇脱水撬开车的操作步骤、危害结果及风险控制见表 3-39。

表 3-39　三甘醇脱水撬开车的操作步骤、危害结果及风险控制

操作步骤	危害结果	风险控制
穿戴劳保用品,选择合适的工具、用具	人身伤害	正确穿戴劳保用品,选择、使用工具、用具

操作步骤	危害结果	风险控制
工艺流程设备仪表完好		① 单机调试已完成。 ② 所有过滤元件装填完毕，吸收塔能正常工作。 ③ 所有阀门、仪表、接头齐全，阀门开闭位置符合要求。 ④ 仪表引压阀开启
动力保障到位		
正确导通高、低压流程，确定阀门的开关状态	爆炸	根据生产需要正确导通生产流程
关闭 Kimray 泵的速度控制阀		
通过连接器向重沸器和缓冲罐内加入三甘醇，首先向重沸器中加入三甘醇，用重沸器和缓冲罐上的玻璃板液位计检查甘醇系统，直到缓冲罐中出现液位，然后向缓冲罐内加入三甘醇直至充满液位	环境污染	① 打开排气孔，防止"气锁"。 ② 控制好三甘醇加注速度和加注量
慢慢将气体引进吸收塔，气体引入吸收塔前，关掉所有与塔相连的管线、阀门，检查是否有泄漏的地方，当吸收塔的压力与流程压力平衡后关闭吸收塔的进出口阀	吸收塔发热	严格控制升压速度，升压速度不超过 0.1 MPa/min
缓慢地打开从吸收塔干净化气管线至燃料气储罐的阀门，并利用减压阀将燃料气罐的压力控制在 317~620 kPa 之间	人身伤害	① 开阀门时动作要平稳、缓慢，不能用力过猛。 ② 开阀门时站位正确，身体不能正对阀杆

续表 3-39

操作步骤	危害结果	风险控制
缓慢地打开从燃料气罐到闪蒸罐的阀门,使闪蒸罐的压力达到 280～620 kPa	人身伤害,设备损坏	① 开阀门时动作要平稳、缓慢,不能用力过猛。 ② 开阀门时站位正确,身体不能正对阀杆 ③ 压力调节应缓慢
调节仪表供风压力,使仪表风压力达到 140～175 kPa	设备损坏	调节压力时应缓慢进行
打开 Kimray 泵速度控制阀,启动 Kimray 泵(最初从吸收塔中返回的只有气体,所以开始时泵有可能超速)。几分钟后,打开高压贫液侧放空阀,以确认泵是否充满三甘醇溶液,若已充满溶液,让泵继续运转,否则,检查从缓冲罐来的入口管线是否已打开,然后再试一次	设备损坏	① 启泵时双手同时开启泵的 2 个速度控制阀,且开启速度一致。 ② 打开泵出口的贫液取样阀门,待有三甘醇流出后再关闭
待贫液出口排空阀有液体出来后,打开贫液进塔阀门,关闭贫液出口排空阀门	人身伤害	① 开阀门时动作要平稳、缓慢,不能用力过猛。 ② 开阀门时站位正确,身体不能正对阀杆
当三甘醇开始流动后,检查并调节吸收塔和闪蒸罐上的液位控制器,以获得稳定的液位和稳定的流率		缓慢调节液位控制器,使之处于合适的开度
待循环正常后,通过缓冲罐向系统补充三甘醇,直至闪蒸罐、重沸器、缓冲罐液位正常	环境污染	控制好三甘醇加入速度

操作步骤	危害结果	风险控制
设置高温控制器的温度为 204 ℃,必要时,强行向上推动复位按钮,确保仪表供风气路畅通,高温控制的调节阀打开,母火有气	三甘醇质变	准确设置高温控制温度
调节 627 型减压阀,将供给火嘴的燃料气压力调至 50 kPa 左右	设备损坏	缓慢调节燃料气压力
设置火焰监测器的温度高于 500 ℃,打开炉膛盖和观察孔,把点火器放入母火嘴处,打开母火气源,点母火	火灾,爆炸	严格执行先点火、后开气操作
将温度控制器温度由低往高慢慢调整,使设置温度高于重沸器的温度,打开主火调节阀,最终设置重沸器的温度在 195～200 ℃ 之间	三甘醇再生达不到效果	根据工况合理设置重沸器温度
火着后开主火阀门,主火着后盖上炉盖,注意调整风门,使燃料气燃烧充分,以获得一个长形的、滚动的末端稍带黄色的火焰,若火没有点着,立即关掉主、母火阀门,过 20 min 后,方可再点。在寒冷的冬天,三甘醇在循环前最好先加热	火灾,爆炸	点火不成功时,应先关闭主、母火,20 min 后再进行点火
当一个稳定的操作建立起来后,检查闪蒸罐上的液位控制装置,并调整调压装置,使闪蒸罐的压力保持在 280～420 kPa	设备损坏	缓慢调节闪蒸罐压力

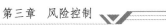

续表 3-39

操作步骤	危害结果	风险控制
随着装置操作的持续进行,检查吸收塔液位控制器的操作情况,确保它们处于良好的排液状态		
当重沸器达到理想的温度且泵的流量也达到规定值时,可以慢慢打开原料气进口阀,让气体流经装置。在让气体流经装置前必须建立好三甘醇循环过程		开启原料气进、出口阀门时应缓慢
打开汽提气的出口阀门,调节汽提气的调节阀,每立方米三甘醇再生所需的最小汽提气量约为 15 Nm^3(视现场的具体情况,可以不开汽提气)		
进气生产后,化验人员应立即取样分析,操作人员应随时调整三甘醇的循环量,确保产品气水露点合格	人身伤害	取样时应十分小心,且带好防护用具

3. 三甘醇脱水撬停车

三甘醇脱水撬停车的操作步骤、危害结果及风险控制见表 3-40。

表 3-40 三甘醇脱水撬停车的操作步骤、危害结果及风险控制

操作步骤	危害结果	风险控制
脱水撬定期检修时的正常停车		
准备工作:① 穿戴好劳保用品,现场安全设施齐全可靠,场地整洁规范。② 与有关单位、井站取得联系,确定停车时间。③ 做好三甘醇回收准备工作	人身伤害,设备损坏,环境污染	① 按规定穿戴好劳保用品,正确选择、使用工具、用具。② 与有关单位、井站取得联系,确定停车时间。③ 做好三甘醇回收准备工作

操作步骤	危害结果	风险控制
脱水撬定期检修时的正常停车		
切断重沸器燃料气气源,三甘醇继续循环,重沸器三甘醇温度降至 65 ℃左右,停止三甘醇循环	人身伤害	① 开阀门动作平稳、缓慢。 ② 开阀门时规范操作,身体不能正对阀杆
切断脱水装置上游进气阀门和下游干气出站阀门。将重沸器、缓冲罐内的所有三甘醇回收至甘醇储罐	人身伤害	① 开阀门动作平稳、缓慢。 ② 开阀门时规范操作,身体不能正对阀杆
将吸收塔、闪蒸罐、甘醇机械过滤器滤芯、活性炭过滤器内的三甘醇回收至甘醇储罐。三甘醇回收完毕,将所有设备的甘醇回收阀门关闭	环境污染	合理控制三甘醇回收速度
打开排污阀,对过滤分离器、吸收塔、闪蒸罐进行排污。排污完毕,从吸收塔放空系统对天然气脱水系统泄余气	设备损坏,人身伤害,环境污染	① 平板阀全开。 ② 开阀门时动作要平稳、缓慢,不能用力过猛。 ③ 开阀门时站位正确,侧身平稳操作。 ④ 开节流阀时动作要平稳、缓慢,阀的开度适中,不能用力过猛
对机械过滤器、活性炭过滤器及滤芯进行清洗或更换。清洗重沸器和缓冲罐	人身伤害	按操作规程进行清洗操作
做好脱水装置停运的详细记录		

续表 3-40

操作步骤	危害结果	风险控制
脱水装置短期正常停车		
准备工作:① 穿戴好劳保用品,现场安全设施齐全可靠,场地整洁规范。② 首先与有关单位、井站取得联系,确定停车时间。③ 随时与调度室保持联系	人身伤害	按规定穿戴好劳保用品,正确选择、使用工具、用具
切断脱水装置上游进气阀门和下游干气出站阀门	人身伤害	① 开阀门时动作要平稳、缓慢,不能用力过猛。② 开阀门时规范操作,身体不能正对阀杆
停车少于 48 h,将重沸器再生温度设定至 120 ℃,继续热循环		
停车超过 48 h,继续热循环,当富液质量分数大于 98% 时,关闭重沸器燃料气;继续冷循环,当缓冲罐甘醇温度降至 65 ℃ 时,停止循环泵,同时关闭吸收塔、闪蒸罐甘醇出口阀	人身伤害	① 开阀门时动作要平稳、缓慢,不能用力过猛。② 开阀门时规范操作,身体不能正对阀杆
保持吸收塔、闪蒸罐、重沸器、缓冲罐各压力、液位在正常范围内。做好开车准备		
脱水撬紧急停车		
当出现甘醇循环泵故障、吸收塔泄漏等突发性事故时,应立即进行紧急停车		
切断脱水装置上游进气阀门和下游干气出站阀门	人身伤害	① 开阀门时动作要平稳、缓慢,不能用力过猛。② 开阀门时规范操作,身体不能正对阀杆

续表 3-40

操作步骤	危害结果	风险控制
脱水撬紧急停车		
与调度室尽快取得联系,确定是通过脱水装置旁通生产还是整个站场停止输气		及时与调度室联系,确定下步生产指令
立即分析事故原因,采取相应措施		
排除故障后尽快恢复生产	人身伤害	按正确的开车步骤进行操作

第三节 增压作业风险控制

一、增压机启动

增压机启动的操作步骤、危害结果及风险控制见表 3-41。

表 3-41　增压机启动的操作步骤、危害结果及风险控制

操作步骤	危害结果	风险控制
准备工作	中毒,火灾,人身伤害	正确穿戴劳保用品,恰当选择、使用工具、用具;佩戴齐检测仪器和防护器具,使用合格器具
操作确认	人身伤害,设备损坏	① 熟悉施工内容和步骤,正确操作。 ② 执行安全标准化操作规程。 ③ 确定保养对象介质是否含有害物质,采取相应措施

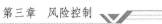

续表 3-41

操作步骤	危害结果	风险控制
开机前检查	人身伤害,设备损坏	① 控制柜仪器仪表开启。 ② 燃气压力符合规定。 ③ 燃气管线无泄漏。 ④ 进出压缩机吸气、排气阀门开启。 ⑤ 水箱水位合适。 ⑥ 机身油位在规定范围内。 ⑦ 液压油油位在规定范围内。 ⑧ 过滤器清洁。 ⑨ 安全设施开启
启动	人身伤害,设备损坏	① 盘车时,侧身拿盘车棍,盘车到位。 ② 火花塞线连接良好。 ③ 手动泵油充足。 ④ 机组异响,停机检查。 ⑤ 预防皮带保护罩松动
跑温	设备损坏	机组按照规定跑足温度
加载	人身伤害,设备损坏	① 稳步加载。 ② 润滑油供油不足
回收工具、用具、油料	环境污染,人身伤害	回收工具、油料,清理场地
记录	人身伤害,设备损坏	全面准确记录操作信息

二、增压机停机

增压机停机的操作步骤、危害结果及风险控制见表 3-42。

表 3-42　增压机停机的操作步骤、危害结果及风险控制

操作步骤	危害结果	风险控制
准备工作	中毒,火灾,人身伤害	正确穿戴劳保用品,恰当选择、使用工具、用具;佩戴齐检测仪器和防护器具,使用合格器具

操作步骤	危害结果	风险控制
操作确认	人身伤害,设备损坏	① 熟悉施工内容和步骤,正确操作。 ② 执行安全标准化操作规程。 ③ 确定保养对象介质是否含有害物质,采取相应措施
停机	人身伤害,设备损坏	① 确认所有机组联锁控制点整定停车值。 ② 停机时发现意外情况实施紧急停车。 ③ 停机后进行泄压,预防憋压 ④ 停车后按要求进行保养维护
停机后检查	人身伤害,设备损坏	做好检查工作
回收工具、用具、油料	环境污染,人身伤害	回收工具、油料,清理场地
记录	人身伤害,设备损坏	全面准确记录操作信息

第四节　直接作业环节

根据中国石化集团公司规定,直接作业环节共有用火作业、高处作业、进入受限空间作业、临时用电作业、起重作业、破土作业、施工作业和高温作业8种,本专业全部涉及。

一、总则

(1) 凡进行直接作业必须实行作业许可制度,除专业规定的正常工作岗位职责和特殊情况(应急抢险用火作业)外,在工作前办理作业许可票证后,方可进行作业。

(2) 按国家政府规定要求,操作人员属特种作业的,应持有相应的证书。

(3) 需要监督的,监督人员应履行监督职责,并持有相应的证书。

(4) 严格按作业许可票证要求进行作业。

(5) 作业许可票证是作业的凭证和依据,不应随意涂改,不应代签。

(6) 作业结束后,应妥善保管作业许可票证,保存期限为1年。

二、用火作业

（一）定义

用火作业是指在具有火灾爆炸危险场所内进行的施工过程。

（二）人员资质与职责

1. 用火作业人职责

（1）用火作业人员应持有效的本岗位工种作业证。

（2）用火作业人员应严格执行"三不用火"的原则；对不符合的，有权拒绝用火。

2. 用火监护人职责

（1）用火监护人应有岗位操作合格证；了解用火区域或岗位的生产过程，熟悉工艺操作和设备状况；有较强的责任心，出现问题能正确处理；有处理应对突发事故的能力。

（2）应参加由各单位安全监督管理部门组织的用火监护人培训班，考核合格后由各单位安全监督管理部门发放用火监护人资格证书，做到持证上岗。

（3）用火监护人在接到许可证后，应在安全技术人员和单位负责人的指导下，逐项检查落实防火措施；检查用火现场的情况。用火过程中，发现异常情况应及时采取措施，不得离开现场，确需离开时，由监护人收回用火许可证，暂停用火。监火时应佩戴明显标志。

（4）当发现用火部位与许可证不相符合，或者用火安全措施不落实时，用火监护人有权制止用火；当用火出现异常情况时有权停止用火；用火人不执行"三不用火"且不听劝阻时，有权收回许可证，并向上级报告。

（三）票证办理

按中国石化用火作业安全管理规定办理相应的票证。

（四）安全措施

（1）凡在生产、储存、输送可燃物料的设备、容器及管道上用火，应首先切断物料来源并加好盲板；经彻底吹扫、清洗、置换后，打开人孔，通风换气；打开人孔时，应自上而下依次打开，经分析合格方可用火。若间隔时间超过1 h继续用火，应再次进行用火分析或在管线、容器中充满水后，方可用火。

（2）在正常运行生产区域内，凡可用可不用的用火一律不用火，凡能拆下来的设备、管线均应拆下来移到安全地方用火，严格控制一级用火。

（3）各级用火审批人应亲临现场检查，督促用火单位落实防火措施后，方可审签许可证。

（4）一张用火作业许可证只限一处用火，实行一处（一个用火地点）、一证（用火作业许可证)、一人(用火监护人),不能用一张许可证进行多处用火。

(5) 油田、销售企业的许可证有效时间为一个作业周期,最多不超过 5 天;炼化企业一级、特级许可证有效时间不超过 8 h,二级许可证不超过 3 天,三级许可证不超过 5 天。若中断作业超过 1 h 后继续用火,监护人、用火人和现场负责人应重新确认。固定用火作业区,每半年检查认定 1 次。

(6) 用火分析。凡需要用火的塔、罐、容器等设备和管线,均应进行内部和环境气体化验分析,并将分析数据填入许可证,分析单附在许可证的存根上,以备查和落实防火措施。当可燃气体爆炸下限大于 4% 时,分析检测数据小于 0.5% 为合格;当可燃气体爆炸下限小于 4% 时,分析检测数据小于 0.2% 为合格。

(7) 用火部位存在有毒有害介质的,应对其浓度作检测分析。若含量超过车间空气中有害物质最高容许浓度,应采取相应的安全措施,并在许可证上注明。

(8) 施工单位(含承包商)应做好施工前的各项准备工作,化验中心(室)应尽可能缩短采样分析时间,为用火作业创造条件。

(9) 停工大修装置在彻底撤料、吹扫、置换、化验分析合格后,工艺系统须采取有效隔离措施。设备、容器、管道首次用火,须采样分析。

(10) 设备、容器与工艺系统已有效隔离,内部无夹套、填料、衬里、密封圈等,不会再释放有毒、有害和可燃气体的,首次取样分析合格后,分析数据长期有效;当设备、容器内存有夹套、填料、衬里、密封圈等,有可能释放有毒、有害、可燃气体的,采样分析合格后超过 1 h 用火的,须重新检测分析合格后方可用火。

(11) 装置停工吹扫期间,严禁一切明火作业。在用火作业过程中,当作业内容或环境条件发生变化时,应立即停止作业,许可证同时废止。

(12) 在用火前应清除现场一切可燃物,并准备好消防器材。用火期间,距用火点 30 m 内严禁排放各类可燃气体,15 m 内严禁排放各类可燃液体。在同一用火区域不应同时进行可燃溶剂清洗和喷漆等施工。

(13) 在盛装或输送可燃气体、可燃液体、有毒有害介质或其他重要的运行设备、容器、管线上进行焊接作业时,设备管理部门必须对施工方案进行确认,对设备、容器、管线进行测厚,并在用火作业许可证上签字。

(14) 新建项目需要用火时,施工单位(含承包商)提出用火申请,用火地点所辖区域单位负责办理许可证,并指派用火监护人。

(15) 施工用火作业涉及其他管辖区域时,由所在管辖区域单位领导审查会签,双方单位共同落实安全措施,各派 1 名用火监护人,按用火级别进行审批后,方可用火。

(16) 用火作业过程的安全监督。

用火作业实行"三不用火",即没有经批准的用火作业许可证不用火、用火监护人不在现场不用火、防护措施不落实不用火。各单位安全监督管理部门和消防部门的各级领导、专职安全和消防管理人员有权随时检查用火作业情况。在发现违反用火管理制度或危险用火作业时，有权收回许可证，停止用火，并根据违章情节，由各单位安全监督管理部门对违章者进行严肃处理。

(17) 在受限空间内用火，除遵守上述安全措施外，还须执行以下规定：

① 在受限空间内进行用火作业、临时用电作业时，不允许同时进行刷漆、喷漆作业或使用可燃溶剂清洗等其他可能散发易燃气体、易燃液体的作业。

② 在受限空间内进行刷漆、喷漆作业或使用可燃溶剂清洗等其他可能散发易燃气体、易燃液体的作业时，使用的电气设备、照明等必须符合防爆要求，同时必须进行强制通风；监护人应佩戴便携式可燃气体报警仪，随时进行监测，当可燃气体报警仪报警时，必须立即组织作业人员撤离。

三、高处作业

(一) 定义
高处作业是指在坠落高度基准面 2 m 以上(含 2 m)，有坠落可能的位置进行的作业。

(二) 人员资质与职责
(1) 持有经审批同意、有效的许可证方可进行 15 m 以上(含 15 m)高处作业。

(2) 在作业前充分了解作业的内容、地点(位号)、时间和作业要求，熟知作业中的危害因素和许可证中的安全措施。

(3) 对许可证上的安全防护措施确认后，方可进行高处作业。

(4) 对违反本规定强令作业、安全措施不落实的，作业人员有权拒绝作业，并向上级报告。

(5) 在作业中发现情况异常或感到不适等情况，应发出信号，并迅速撤离现场。

(三) 票证办理
按中国石化高处作业安全管理规定办理相应的票证。

(四) 安全措施
(1) 各单位基层单位与施工单位现场安全负责人应对作业人员进行必要的安全教育，其内容包括所从事作业的安全知识、作业中可能遇到意外时的处理和救护方法等。

(2) 应制定应急预案，其内容包括作业人员紧急状况下的逃生路线和救护方法、现场应配备的救生设施和灭火器材等。现场人员应熟知应急预案的内容。

(3) 高处作业人员应使用与作业内容相适应的安全带，安全带应系挂在施工作业处上方的牢固构件上,不得系挂在有尖锐棱角的部位。安全带系挂点下方应有足够的净空。安全带应高挂低用。在进行高处移动作业时,应设置便于移动作业人员系挂安全带的安全绳。

(4)劳动保护服装应符合高处作业的要求。对于需要戴安全帽进行的高处作业,作业人员应系好安全帽带。禁止穿硬底和带钉易滑的鞋进行高处作业。

(5)高处作业严禁上下投掷工具、材料和杂物等。所用材料应堆放平稳,必要时应设安全警戒区,并派专人监护。工具在使用时应系有安全绳,不用时应放入工具套(袋)内。在同一坠落方向上,一般不得进行上下交叉作业。确需进行交叉作业时,中间应设置安全防护层,对于坠落高度超过 24 m 的交叉作业,应设双层安全防护。

(6)高处作业人员不得站在不牢固的结构物上进行作业,不得在高处休息。在石棉板、瓦棱板等轻型材料上方作业时,必须铺设牢固的脚手板,并加以固定。

(7)高处作业应使用符合安全要求并经有关部门验收合格的脚手架。夜间高处作业应有充足的照明。

(8)供高处作业人员上下用的梯道、电梯、吊笼等应完好,高处作业人员上下时手中不得持物。

(9)在邻近地区设有排放有毒、有害气体及超出允许浓度粉尘的烟囱、设备的场合,严禁进行高处作业。如在允许浓度范围内,也应采取有效的防护措施。

(10)遇有不适宜高处作业的恶劣气象条件(如 6 级以上大风、雷电、暴雨、大雾等)时,严禁露天高处作业。

四、进入受限空间作业

(一)定义

"受限空间"是指在中国石化所辖区域内炉、塔、釜、罐、仓、槽车、管道、烟道、下水道、沟、井、池、涵洞、裙座等进出口受限,通风不良,存在有毒有害风险,可能对进入人员的身体健康和生命安全构成危害的封闭、半封闭设施及场所。

(二)人员资质与职责

1. 作业监护人的资格和权限

(1)作业监护人应熟悉作业区域的环境和工艺情况,有判断和处理异常情况的能力,掌握急救知识。

(2)作业监护人在作业人员进入受限空间作业前,负责对安全措施落实情况进行检查,发现安全措施不落实或不完善时,有权拒绝作业。

(3)作业监护人应清点出入受限空间的作业人数,在出入口处保持与作业人员的联系,严禁离岗。当发现异常情况时,应及时制止作业,并立即采取救护措施。

（4）作业监护人应随身携带许可证。

（5）作业监护人在作业期间,不得离开现场或做与监护无关的事。

2. 作业人员职责

（1）持有效的许可证方可施工作业。

（2）作业前应充分了解作业的内容、地点(位号)、时间和要求,熟知作业中的危害因素和安全措施。

（3）许可证中所列安全防护措施须经落实确认、监护人同意后,方可进入受限空间内作业。

（4）作业人员在规定安全措施不落实、作业监护人不在场等情况下有权拒绝作业,并向上级报告。

（5）服从作业监护人的指挥,禁止携带作业器具以外的物品进入受限空间。如发现作业监护人不履行职责,应立即停止作业。

（6）在作业中发现异常情况或感到不适应、呼吸困难时,应立即向作业监护人发出信号,迅速撤离现场,严禁在有毒、窒息环境中摘下防护面罩。

（三）票证办理

按中国石化进入受限空间作业安全管理规定办理相应的票证。

（四）安全措施

（1）生产单位与施工单位现场安全负责人应对现场监护人和作业人员进行必要的安全教育,其内容应包括所从事作业的安全知识、紧急情况下的处理和救护方法等。

（2）制定安全应急预案,其内容包括作业人员紧急状况时的逃生路线和救护方法、监护人与作业人员约定的联络信号、现场应配备的救生设施和灭火器材等。现场人员应熟知应急预案内容,在受限空间外的现场配备一定数量符合规定的应急救护器具(包括空气呼吸器、供风式防护面具、救生绳等)和灭火器材。出入口内外不得有障碍物,保证其畅通无阻,便于人员出入和抢救疏散。

（3）进入受限空间作业实行"三不进入"。当受限空间状况改变时,作业人员应立即撤出现场,同时为防止人员误入,在受限空间入口处应设置"危险! 严禁入内"警告牌或采取其他封闭措施。处理后需重新办理许可证方可进入。

（4）在进入受限空间作业前,应切实做好工艺处理工作,将受限空间吹扫、蒸煮、置换合格;对所有与其相连且可能存在可燃可爆、有毒有害物料的管线、阀门加盲板隔离,不得以关闭阀门代替安装盲板。盲板处应挂标志牌。

（5）为保证受限空间内空气流通和人员呼吸需要,可采用自然通风,必要时采取强制通风,严禁向内充氧气。进入受限空间内的作业人员每次工作时间不宜过长,应轮换作业或休息。

（6）对带有搅拌器等转动部件的设备,应在停机后切断电源,摘除保险或挂接地线,并在开关上挂"有人工作,严禁合闸"警示牌,必要时派专人监护。

（7）进入受限空间作业应使用安全电压和安全行灯。进入金属容器(炉、塔、釜、罐等)和特别潮湿、工作场地狭窄的非金属容器内作业,照明电压不大于 12 V;需使用电动工具或照明电压大于 12 V 时,应按规定安装漏电保护器,其接线箱(板)严禁带入容器内使用。作业环境原来盛装爆炸性液体、气体等介质的,应使用防爆电筒或电压不大于 12 V 的防爆安全行灯,行灯变压器不得放在容器内或容器上;作业人员应穿戴防静电服装,使用防爆工具,严禁携带手机等非防爆通讯工具和其他非防爆器材。

（8）取样分析应有代表性、全面性。受限空间容积较大时,应对上、中、下各部位取样分析,保证受限空间内部任何部位的可燃气体浓度和氧含量合格(当可燃气体爆炸下限大于 4% 时,其被测含量(体积分数)不大于 0.5% 为合格。爆炸下限小于 4% 时,其被测含量(体积分数)不大于 0.2% 为合格。氧气体积分数 19.5%～23.5% 为合格),有毒有害物质不得超过国家规定的"车间空气中有毒物质最高容许含量"指标(硫化氢最高允许质量浓度不得大于 10 mg/m³),分析结果报出后,样品至少保留 4 h。受限空间内温度宜在常温左右,作业期间至少每隔 4 h 复测 1次,如有 1 项不合格,应立即停止作业。

（9）对盛装过产生自聚物的设备容器,作业前应进行工艺处理,采取蒸煮、置换等方法,并做聚合物加热等试验。

（10）进入受限空间作业,不得使用卷扬机、吊车等运送作业人员;作业人员所带的工具、材料须登记,禁止与作业无关的人员和物品工具进入受限空间。

（11）在特殊情况下,作业人员可戴供风式面具、空气呼吸器等。使用供风式面具时,必须安排专人监护供风设备。

（12）进入受限空间作业期间,严禁同时进行各类与该受限空间有关的试车、试压或试验。

（13）发生人员中毒、窒息的紧急情况,抢救人员必须佩戴隔离式防护面具进入受限空间,并至少有 1 人在受限空间外部负责联络工作。

（14）作业停工期间,应在受限空间的入口处设置"危险!严禁入内"警告牌或采取其他封闭措施防止人员误进。作业结束后,应对受限空间进行全面检查,确认无误后,施工单位和生产单位双方签字验收。

（15）上述措施如在作业期间发生异常变化,应立即停止作业,经处理并达到安全作业条件后,方可继续作业。

五、临时用电作业

(一)定义

在正式运行电源上所接的一切临时用电,应办理"中国石化临时用电作业许可证"。

(二)人员资质与职责

(1)各单位电气管理部门负责临时用电归口管理。

(2)安全监督管理部门负责本单位临时用电的安全监督。

(3)配送电单位负责其管辖范围内临时用电的审批。

(4)施工单位负责所接临时用电的现场运行、设备维护、安全监护和管理。

(三)票证办理

按中国石化临时用电作业安全管理规定办理相应的票证。

(四)安全措施

(1)检修和施工队伍的自备电源不能接入公用电网。

(2)安装临时用电线路的电气作业人员,应持有电工作业证。

(3)临时用电设备和线路应按供电电压等级和容量正确使用,所用电气元件应符合国家规范标准要求;临时用电电源施工、安装应严格执行电气施工安装规范,并接地良好。

① 在防爆场所使用的临时电源、电气元件和线路应达到相应防爆等级要求,并采取相应的防爆安全措施。

② 临时用电线路及设备的绝缘应良好。

③ 临时用电架空线应采用绝缘铜芯线。架空线最大弧垂与地面距离,在施工现场不小于 2.5 m,穿越机动车道不小于 5 m。架空线应架设在专用电杆上,严禁架设在树木和脚手架上。

④ 对需埋地敷设的电缆线路应设走向标志和安全标志。电缆埋地深度不应小于 0.7 m,穿越公路时应加设防护套管。

⑤ 现场临时用电配电盘、箱有编号,有防雨措施;盘、箱、门牢靠关闭。

⑥ 行灯电压不应超过 36 V,在特别潮湿的场所或塔、釜、槽、罐等金属设备作业装设的临时照明行灯电压不应超过 12 V。

⑦ 对临时用电设施做到一机一闸一保护,对移动工具、手持式电动工具安装符合规范要求的漏电保护器。

(4)配送电单位应将临时用电设施纳入正常电器运行巡回检查范围,确保每天不少于 2 次巡回检查,并建立检查记录和隐患问题处理通知单,确保临时供电设施完好。对存在重大隐患和发生威胁安全的紧急情况,配送电单位有权紧急停电

处理。

（5）临时用电单位应严格遵守临时用电规定，不得变更地点和作业内容，禁止任意增加用电负荷或私自向其他单位转供电。

（6）在临时用电有效期内，如遇施工过程中停工、人员离开，临时用电单位应从受电端向供电端逐次切断临时用电开关；待重新施工时，对线路、设备进行检查确认后，方可送电。

六、起重作业

（一）定义

起重作业按起吊工件质量划分为 3 个等级：大型为 100 t 以上；中型为 40～100 t；小型为 40 t 以下。

（二）人员资质与职责

1. 起重操作人员

（1）按指挥人员的指挥信号进行操作；对紧急停车信号，不论何人发出，均应立即执行。

（2）当起重臂、吊钩或吊物下面有人，或吊物上有人、浮置物时不得进行起重操作。

（3）严禁使用起重机或其他起重机械起吊超载、重量不清的物品和埋置物体。

（4）在制动器、安全装置失灵，吊钩防松装置损坏，钢丝绳损伤达到报废标准等起重设备、设施处于非完好状态时，禁止起重操作。

（5）吊物捆绑、吊挂不牢或不平衡可能造成滑动，吊物棱角处与钢丝绳、吊索或吊带之间未加衬垫时，不得进行起重操作。

（6）无法看清场地、吊物情况和指挥信号时，不得进行起重操作。

（7）起重机械及其臂架、吊具、辅具、钢丝绳、缆风绳和吊物不得靠近高低压输电线路。确需在输电线路近旁作业时，必须按规定保持足够的安全距离，否则，应停电进行起重作业。

（8）停工或休息时，不得将吊物、吊笼、吊具和吊索悬吊在空中。

（9）起重机械工作时，不得对其进行检查和维修。不得在有载荷的情况下调整起升、变幅机构的制动器。

（10）下放吊物时，严禁自由下落（溜）；不得利用极限位置限制器停车。

（11）用 2 台或多台起重机械吊运同一重物时，升降、运行应保持同步；各台起重机械所承受的载荷不得超过各自额定起重能力的 80%。

（12）遇 6 级以上大风或大雪、大雨、大雾等恶劣天气，不得从事露天起重作业。

2. 司索人员

（1）听从指挥人员的指挥，发现险情及时报告。

（2）根据重物具体情况选择合适的吊具与吊索；不准用吊钩直接缠绕重物，不得将不同种类或不同规格的吊索、吊具混合使用；吊具承载不得超过额定起重量，吊索不得超过安全负荷；起升吊物时应检查其连接点是否牢固、可靠。

（3）吊物捆绑应牢靠，吊点与吊物的重心应在同一垂直线上。

（4）禁止人员随吊物起吊或在吊钩、吊物下停留；因特殊情况需进入悬吊物下方时，应事先与指挥人员和起重操作人员联系，并设置支撑装置。任何人不得停留在起重机运行轨道上。

（5）吊挂重物时，起吊绳、链所经过的棱角处应加衬垫；吊运零散物件时，应使用专门的吊篮、吊斗等器具。

（6）不得绑挂、起吊不明重量、与其他重物相连、埋在地下或与地面及其他物体连接在一起的重物。

（7）人员与吊物应保持一定的安全距离。放置吊物就位时，应用拉绳或撑竿、钩子辅助就位。

3. 起重作业完毕，作业人员应做好的工作

（1）将吊钩和起重臂放到规定的稳妥位置，所有控制手柄均应放到零位，对使用电气控制的起重机械，应将总电源开关断开。

（2）对在轨道上工作的起重机，应将起重机有效锚定。

（3）将吊索、吊具收回放置于规定的地方，并对其进行检查、维护、保养。

（4）对接替工作人员，应告知设备、设施存在的异常情况及尚未消除的故障。

（5）对起重机械进行维护保养时，应切断主电源并挂上标志牌或加锁。

（三）票证办理

按中国石化起重作业安全管理规定办理相应的票证。

（四）安全措施

（1）起重作业时必须明确指挥人员，指挥人员应佩戴明显的标志。

（2）起重指挥人员必须按规定的指挥信号进行指挥，其他操作人员应清楚吊装方案和指挥信号。

（3）起重指挥人员应严格执行吊装方案，发现问题要及时与方案编制人协商解决。

（4）正式起吊前应进行试吊，检查全部机具、地锚受力情况。发现问题，应先将工件放回地面，待故障排除后重新试吊。确认一切正常后，方可正式吊装。

（5）吊装过程中出现故障，起重操作人员应立即向指挥人员报告。没有指挥令，任何人不得擅自离开岗位。

（6）起吊重物就位前，不得解开吊装索具。

七、破土作业

（一）定义

破土作业是指在炼化企业生产厂区、油田企业油气集输站（天然气净化站、油库、液化气充装站、爆炸物品库）和销售企业油库（加油加气站）内部地面、埋地电缆和电信及地下管道区域范围内，以及交通道路、消防通道上开挖、掘进、钻孔、打桩、爆破等各种破土作业。

（二）人员资质与职责

（1）许可证由施工单位填写。工程主管部门组织电力、电信、生产、机动、公安保卫、消防、安全等有关部门，破土施工区域所属单位和地下设施主管单位联合进行现场地下情况交底，根据施工区域地质、水文、地下供排水管线、埋地燃气（含液化气）管道、埋地电缆、埋地电信、测量用的永久性标桩、地质和地震部门设置的长期观测孔、不明物、沙巷等情况向施工单位提出具体要求。

（2）施工单位根据工作任务、交底情况及施工要求，制定施工方案，落实安全施工措施。施工方案经施工主管部门现场负责人和建设基层单位现场负责人签署意见，有关部门和工程总图管理负责人确认签字后，由施工区域所属单位的工程管理部门负责人审批。

（三）票证办理

按中国石化破土作业安全管理规定办理相应的票证。

（四）安全措施

（1）破土前，施工单位应按照施工方案，逐条落实安全措施，并对所有作业人员进行安全教育和安全技术交底后方可施工。破土作业涉及电力、电信、地下供排水管线、生产工艺埋地管道等地下设施时，施工单位应安排专人进行施工安全监督。

（2）破土开挖前，施工单位应做好地面和地下排水工作，严防地面水渗入作业层面造成塌方。破土开挖时，应防止邻近建（构）筑物、道路、管道等下沉和变形，必要时采取防护措施，加强观测，防止位移和沉降；要由上至下逐层挖掘，严禁采用挖空底脚和挖洞的方法。在破土开挖过程中应采取防止滑坡和塌方措施。

（3）作业人员在作业中应按规定着装和佩戴劳动保护用品。

（4）对施工过程中出现的下列情形，应及时报告建设单位，采取有效措施后方可继续进行作业：

① 需要占用规划批准范围以外场地。

② 可能损坏道路、管线、电力、邮电通信等公共设施。

③ 需要临时停水、停电、中断道路交通。

④ 需要进行爆破。

（5）在道路上（含居民区）及危险区域内施工，应在施工现场设围栏及警告牌，夜间应设警示灯。在地下通道施工或进行顶管作业影响地上安全，或地面活动影响地下施工安全时，应设围栏、警告牌、警示灯。

（6）在施工过程中，如发现不能辨认物体，不得敲击、移动，应立即停止作业，并报建设单位，待查清情况、采取有效措施后，方可继续施工。

（7）在雨期和解冻期进行土方工程作业时，应及时检查土方边坡，当发现边坡有裂纹或不断落土及支撑松动、变形、折断等情况应立即停止作业，经采取可靠措施并检查无问题后方可继续施工。

（8）在破土开挖过程中，出现滑坡、塌方或其他险情时，要做到：

① 立即停止作业。

② 先撤出作业人员及设备。

③ 挂出明显标志的警告牌，夜间设警示灯。

④ 划出警戒区，设置警戒人员，日夜值勤。

⑤ 通知设计、工程建设和安全等有关部门，共同对险情进行调查处理。

（9）使用电动工具应安装漏电保护器。

八、施工作业

（一）定义

施工作业是指在中国石化所辖区域内进行新建、改扩建、检修和维修等施工。

（二）人员资质与职责

建设单位应按照《中国石化承包商安全管理规定》对施工单位进行安全资质审查，不合格者不予录用。

（三）票证办理

按中国石化施工作业安全管理规定办理相应的票证。

（四）安全措施

（1）施工机具和材料摆放整齐有序，不得堵塞消防通道和影响生产设施、装置人员的操作与巡回检查。

（2）严禁触动正在生产的管道、阀门、仪表、电线和设备等，禁止用生产设备、管道、构架及生产性构筑物做起重吊装锚点。

（3）施工临时用水、用风，应办理有关手续，不得使用消防栓供水。

（4）高处动火作业应采取防止火花飞溅的遮挡措施；电焊机接线规范，不得将地线裸露搭接在装置、设备的框架上。

（5）施工废料应按规定地点分类堆放，严禁乱扔乱堆，应做到工完、料净、场地清。

九、高温作业

(一) 定义

高温作业是指在生产劳动过程中,工作地点平均 WBGT 指数不低于 25 ℃ 的作业。WBGT 指数又称湿球黑球温度,是综合评价人体接触作业环境热负荷的一个基本参量,单位为℃。

(二) 人员资质与职责

对从事高温作业员工进行上岗前和入暑前的职业健康检查,在岗期间健康检查的周期为 1 年。凡有职业禁忌证,如Ⅱ期及Ⅲ期高血压、活动性消化性溃疡、慢性肾炎、未控制的甲亢、糖尿病和大面积皮肤疤痕的患者,均不得从事高温作业。

(三) 票证办理

按中国石化高温作业安全管理规定办理相应的票证。

(四) 安全措施

(1) 各单位应针对高温生产制订高温防护计划,采取保障员工身体健康的综合措施,并对高温防护工作进行监督检查。

(2) 各单位应改进生产工艺流程和操作过程,减少高温和热辐射对员工的影响。

(3) 各单位应按照 GBZ/T 189.7—2007《工作场所物理因素测量 第 7 部分:高温》对高温作业场所进行定期监测。

(4) 对室内热源,在不影响生产工艺的情况下,可以采用喷雾降温;当热源(炉、蒸汽设备等)影响员工操作时,应采取隔热措施。

(5) 高温作业场所应采用自然通风或机械通风。

(6) 根据工艺特点,对产生有毒气体的高温工作场所,应采用隔热、向室内送入清洁空气等措施,减少高温和热辐射对员工的影响。

(7) 特殊高温作业,如高温车间的天车驾驶室,车间内的监控室、操作室等应有良好的隔热措施,使室内热辐射强度小于 $700 \ W/m^2$,气温不超过 28 ℃。

(8) 夏季野外露天作业,宜搭建临时遮阳棚供员工休息。

(9) 各单位应根据高温岗位的情况,为高温作业员工配备符合要求的防护用品,如防护手套、鞋、护腿、围裙、眼镜、隔热服装、面罩、遮阳帽等。

(10) 各单位应针对从事高温作业的员工,制定合理的劳动休息制度,根据气温的变化,适时调整作息时间。对超过《工作场所有害因素职业接触限值第 2 部分:物理因素》中高温作业职业接触限值的岗位,应采取轮换作业等办法,尽量缩短员工一次连续作业时间。

(11) 发现有中暑症状患者,应立即到凉爽地方休息,并进行急救治疗和必要的处理。

(12) 对高温作业的员工,各单位应按有关规定在作业现场提供含盐清凉饮料,并符合卫生要求。

第四章　职业健康危害与预防

第一节　概　述

职业活动是人类社会生活中最普遍、最基本的活动,是创造财富、做出贡献和推动社会发展的重要过程。在职业活动中,因接触粉尘,放射性物质和其他有毒、有害因素而产生的危害已经严重影响了劳动者的身体健康。

我国的职业危害分布于全国 30 多个行业,以化工、石油、石化、煤炭、冶金、建材、有色金属、机械行业职业危害发生率较高。其中石油化工相关行业是我国高危产业,油田企业主要从事石油天然气的勘探开发、石油化工、工程建设、设备仪器制造及多种经营等业务,在油、气、水、电、路、讯、机修、供应、公用设施等方面具有完备的综合配套生产能力,属于资源丰富、资金密集、技术密集、人才密集的国有特大型企业,有以下劳动特点:

(1)劳动环境艰苦,作业强度高。

油田企业的工作场所多地处偏僻、远离市区,其中石油、天然气勘探开采行业多在野外流动作业,对体力要求高,且劳动者在生产活动中可能遭受到寒冷、高温、大风、霜冻、雨雪等恶劣自然条件的影响,如我国北方油田,冬季气温可低至－37 ℃,而南方油田夏季气温可高达 40 ℃,劳动环境艰苦、工作强度高。

(2)劳动制度特殊。

在石油的勘探、开采、储运、加工以及其他生产过程中,都需要实行轮班作业。油田企业内常见的为"三班两运转"或"四班三运转"。在轮班制度下,工人的生理时钟常受不规则的工作时间干扰。轮班工作不符合人体的生物节律,可能造成整体的生理功能失调,从而直接影响劳动者的工作效率与身体健康,且夜间工作容易发生事故。

(3)职业病危害因素复杂。

① 原油中含有多种烃类有机化合物,主要为烷烃(液态烷烃、石蜡)、环烷烃(环己烷、环戊烷)和芳香烃(苯、甲苯、二甲苯、乙苯、萘、蒽等)。此外,还含有少量含硫化合物(硫醇、硫醚、二硫化物、噻吩)、含氧化合物(环烷酸、酚类)、含氮化合物(吡咯、吡啶、喹啉、胺类),以及胶质和沥青。石油通常与天然气共生,天然气是甲烷(约 97%)和少量乙烷(1%～2%)、丙烷(0.3%～0.5%)的混合气体,并常含有

氮、二氧化碳、硫化氢,有的还可能含有氦。石油的成分复杂,在勘探、开采、运输、加工过程中极易产生职业危害。

② 在油田企业中,劳动者经常接触各种化学物质,石油化工相关的产品种类繁多,使用的原料、中间产品和副产品也较多,多数生产工艺中还使用催化剂、添加剂、溶剂和其他各种辅助材料。同时由于生产工艺复杂,不少反应在高温、高压下进行,很多介质具有易燃、易爆、有毒或腐蚀的特点,容易造成设备和管道的跑、冒、滴、漏。此外,生产中还常有较多的废水、废气和废渣排出,这些都不同程度地影响着劳动者的健康。石油企业女工较多,有些毒物对女工身体健康有较大影响,尤其是在月经期、妊娠期和哺乳期。

③ 在油田企业中,工人常受到多种职业病危害因素的联合作用,如多种毒物的联合作用、毒物与不良气象条件的联合作用、毒物与噪声和振动的联合作用等。

④ 石油化工相关的原料和产品有许多是易燃、易爆物质,在违反操作规程和安全制度时易发生火灾和爆炸,造成化学复合伤而危及劳动者的健康和生命。

第二节　采气系统职业病危害因素辨识

一、采气作业过程中的危害因素及其来源

1. 生产过程中产生的危害因素

(1)采气、地面集输作业过程中可能存在的主要职业病危害因素。

化学物质:硫化氢、二氧化硫、甲烷、乙烷、二氧化碳等。

物理因素:噪声、高温、低温、振动等。

生物因素:昆虫和尾蚴、水生动物体液等。

(2)地面集输过程中,如果节流、分离、加热炉、管道、阀门、收发球等有跑、冒、滴、漏事故发生,工作场所可能存在硫化氢、甲烷、乙烷、二氧化碳等;集输过程中防止水合物形成需注入的三甘醇;水套炉运行过程中有高温、热辐射;节流、分离、放空、增压时有噪声。

2. 劳动过程中的危害因素

(1)工作环境中的危害因素。

劳动者在野外工作时,一般远离城镇,生活单调,值守人员有孤独感和疲劳感等心理疾患,可能接触高温、低温、高湿、低湿、高压、辐射等职业病危害因素,还可能遭受山洪、泥石流、地震、雷击、暴风雪等自然灾害,以及突发意外、食物中毒、水源性疾病、传染性疾病等危害。

(2)作息时间安排。

抢险或抢修期间,易发生劳动组织和时间安排的不合理,致使劳动者易于出现

情绪和劳动习惯的不适应。

（3）过度疲劳。

由于工作时间过长、劳动强度过大、心理压力过重导致精疲力竭的亚健康状态。

二、主要职业病危害因素对人体健康的危害影响

1. 硫化氢

有典型的臭鸡蛋味，是强烈的神经性毒物，对黏膜有明显的刺激作用。轻度中毒可引起眼睛和上呼吸道刺激症状，重度中毒严重的可因中枢神经麻痹而死亡，可能导致的职业病是硫化氢中毒。

2. 噪声

长期接触噪声对人体的损害主要表现在以下几方面：

（1）听觉系统。可引起暂时性听力下降（听力损害）和永久性听力损伤（噪声性耳聋）。出现暂时性听力下降时，如脱离噪声影响一段时间，听力仍能恢复。一旦发生暂时性听力下降，如不及时采取预防措施，容易发生永久性听力损伤。同时，应加强噪声作业岗位人员的健康监护工作，有职业禁忌证者及时调离。

噪声性耳聋是在永久性听力损伤的基础上发展而成的，其特点是双耳对称性发生。

噪声性耳聋的发病与长期接触噪声的强度、频率、专业工龄、年龄、有无伴随的振动、缺氧有一定的关系。

（2）自主神经系统。可引起自主神经系统机能紊乱，可表现为头痛、头昏、失眠、多梦、记忆力减退等神经衰弱综合征表现。

（3）心血管系统。表现为心率加快或减慢、血压不稳（趋向增高）、心电图异常改变等。

（4）消化系统。可引起胃肠功能紊乱，食欲不振，消化能力减弱。

（5）其他。有内分泌、血液、免疫系统等方面的改变。

3. 高温

夏季野外作业人员及巡检人员，因环境温度过高、湿度大、风速小、劳动强度过大、劳动时间过长等原因，可导致中暑的发生。

4. 过度疲劳

过度疲劳最大的隐患是引起身体潜藏的疾病急速恶化，如导致高血压等基础疾病恶化引发脑血管病或者心血管病等急性循环器官障碍，甚至出现致命的症状。

第三节 主要职业病危害因素的防控措施

一、硫化氢防护措施

天然气采输为密闭输送,正常情况下一般不存在泄漏,在设备停工检修时才可能产生气体泄漏。为防止气体泄漏,站场设计时选用性能有效、密闭性能好的阀门,同时配备一定数量的气体浓度检测仪和检修时用的现场通风机,以降低和防止泄漏气体对操作人员的危害。

二、噪声防护措施

采输作业主要为露天布置,且生产过程中产生的噪声在国家规定的允许范围内,采用以下措施能达到降低噪声危害的目的。

(1)严格执行噪声卫生标准。为了保护劳动者听力不受损伤,在职业卫生"三同时"中应把《工业企业设计卫生标准》(GBZ 1—2010)纳入防噪减振设计工作中。工艺装置设置均按《工业企业噪声控制设计规范》对噪声防治的要求进行设计,并达到《工业企业噪声卫生标准》的要求。

(2)站内工艺管道的设计考虑合理的流速,站内主要工艺管道和部分汇管的安装采用地下安装,以减少气流噪声。

(3)设备选择低噪声设备,以降低声源声级。

(4)对可能产生高分贝噪声的设备安装消声器、隔声器(墙)、吸声材料、减振、阻尼等。

(5)设立隔声值班室,减少噪声危害。

(6)为噪声作业人员配备防噪耳塞、耳罩。

(7)控制接触时间和接触距离以减少噪声对人体的不良影响。

(8)为减少气体放空时产生的噪声,所有工艺管线及放空管线均应经过严格计算,防止流速过高产生噪声。

(9)开展噪声工作场所的噪声监测,加强职业性健康体检,对接触噪声的员工认真做好上岗前、在岗期间、离岗前的职业健康监护工作,建立健康监护档案。对有职业禁忌证者及时将其调离工作岗位。

三、高温防护措施

夏季高温季节做好野外作业人员及装置巡检人员的防暑降温工作,如购置防暑降温药品和应急药品,发放防暑降温饮料等,合理安排生产班次、作息时间和员工轮休,保证员工休息和睡眠,杜绝疲劳作业,防止员工中暑和疲劳作业引发伤害事故;做好防晒、通风和降温,保证设施正常运行,并做好中暑人员的现场急救工作。

四、做好偏远井站员工的心理疏导

偏远场站一般远离城镇,生活单调,值守人员易有孤独感和疲劳感等心理疾患。各单位应高度重视员工的心理健康问题,做好上岗前、定期员工心理健康教育培训及心理疏导工作,包括心态、心智模式、情商、自我察觉、自我领导等内容。

员工的心态调适和训练的目的在于让员工保持积极、平和、愉快的心态面对工作和生活中遇到的各种困难。员工的心智模式是根植于其内心的看法,它决定了其以什么样的心态去看待周围的事物和人。不同的心智模式,会带来对同一件事情的不同视角,从而影响决策,以及态度和行为方式。企业要想真正发挥员工的才能和积极性,就应当把员工的自我领导意识发挥出来,将工作转变为自己应该主动去承担的事情。

第五章 HSE 设施设备与器材

第一节 概 述

HSE 设施设备与器材的分类方法较多,《中国石化安全设施管理规定》(中国石化安[2011]753 号)中的"安全设施分类表"将其分为预防事故设施、控制事故设施、减少与消除事故影响设施 3 大类,共 13 种(见表 5-1)。

表 5-1 HSE 设施设备与器材分类表

类 别	种 类	项 目
A. 预防事故设施	一、检测报警设施	① 用于安全的压力、温度、液位等报警设施
		② 可燃气体和有毒气体检测报警系统、便携式可燃气体和有毒气体检测报警器
		③ 火灾报警系统
		④ 硫化氢、二氧化硫等有毒有害气体检测报警器
		⑤ 对讲机
		⑥ 报警电话
		⑦ 电视监视系统
		⑧ 遇险频率收信机
	二、设备安全防护设施	⑨ 安全锁闭设施
		⑩ 电器过载保护设施
		⑪ 防雷设施
		⑫ 防碰天车
	三、防爆设施	⑬ 防爆电器
		⑭ 防爆仪表
		⑮ 防爆工器具
		⑯ 除尘设施

续表 5-1

类　别	种　类	项　目
A. 预防事 故设施	四、作业场所防护设施	⑰ 手提电动工具触电保护器
		⑱ 通风设施
		⑲ 防护栏(网)、攀升保护器
		⑳ 液压大钳
		㉑ 液压猫头
		㉒ 井场照明隔离电源
		㉓ 低压照明灯(36 V 以下)
		㉔ 防喷器及控制装置
		㉕ 节流管汇
		㉖ 钻具止回阀、旋塞
	五、安全警示标志	㉗ 危险区警示标志
		㉘ 逃生避难标志
		㉙ 风向标
B. 控制事 故设施	六、泄压放空设施	㉚ 安全阀
		㉛ 呼吸阀
		㉜ 井下安全阀
	七、紧急处理设施	㉝ 紧急切断阀
		㉞ 井喷点火系统
		㉟ 紧急停车系统
		㊱ 不间断电源
		㊲ 事故应急电源
		㊳ 应急照明系统
		㊴ 安全仪表系统
C. 减少与 消除事故 影响设施	八、防止火灾蔓延设施	㊵ 防火门(窗)
		㊶ 车用阻火器
		㊷ 防火涂料

157

类　别	种　类	项　目
C. 减少与消除事故影响设施	九、消防灭火设施	㊸ 移动式灭火器
		㊹ 其他消防器材(如蒸汽灭火、消防竖管、干沙、锹等)
	十、紧急个体处置设施	㊺ 洗眼器
		㊻ 急救器材(达到机械伤害、触电、灼烫、有毒有害物伤害、突发疾病急救的基本要求,如担架、急救药品与器械)
	十一、环境保护设施	㊼ 污水处理回收设施
		㊽ 生活、工业、有毒有害垃圾回收、处理设施
		㊾ 各类消声器、防噪声设施
		㊿ 声级计
		○51 其他所需环境检测仪器
	十二、应急救援、避难设施	○52 应急救援车辆及车载装备
		○53 救生绳索和救生软梯
		○54 高空(二层台)逃生器、钻台滑梯
	十三、职业健康防护用品	○55 防毒面具、防毒口罩
		○56 隔热服、防寒服
		○57 各类空气呼吸器
		○58 防护眼镜(防化学液、防尘、防高温、防射线、防强光)
		○59 防尘口罩、防尘衣、披肩帽
		○60 安全帽、安全带、安全绳、缓冲器
		○61 防酸碱服、面罩、手套、靴等
		○62 防噪声耳塞(罩)
		○63 助力设施(如井架攀爬器等)

　　HSE 设施设备与器材按用途可分为个人防护用品、设备与工艺系统保护装置、安全与应急设施设备和器材等。

　　本章未涉及专项培训的内容;因各专业、各地等情况不同,配置也不一样,故未有常规工作服装（鞋、帽、衣服）的要求；由于各油田及所属公司的管理要求不同，各专业配备的标准不同，所以只根据专业的不同列出常用的 HSE 设施设备与器材，系统介绍其结构、原理、使用（操作）、检查和维护的要求。

请特别注意，在使用 HSE 设施设备与器材前，应详细阅读所用产品的使用说明书。

第二节　劳动防护用品

劳动防护用品是指员工在劳动过程中，为防御各种职业毒害和伤害而穿戴的各种防护用品。

按照防护部位，劳动防护用品分为以下 9 类：

第 1 类，头部防护用品，如安全帽、工作帽等；

第 2 类，眼睛防护用品，如电气焊防护眼镜等；

第 3 类，耳部防护用品，如耳塞、耳罩等；

第 4 类，面部防护用品，如防护面罩等；

第 5 类，呼吸道防护用品，如防毒面具、呼吸器等；

第 6 类，手部防护用品，如手套、指套等；

第 7 类，足部防护用品，如防砸鞋、绝缘鞋、导电鞋等；

第 8 类，身体防护用品，如工作服、防寒服、雨衣、防火服等；

第 9 类，防坠落类，如安全带、安全绳、安全网等。

图 5-1 所示为特种劳动防护用品安全标志。本标志的含义：一是采用古代盾牌之形状，取"防护"之意；二是字母"LA"表示劳动安全，是"劳安"的汉语拼音首字母；三是标志边框、盾牌及"安全防护"为绿色，"LA"及背景为白色，标志编号为黑色。

图 5-1　特种劳动防护用品安全标志

穿戴的劳动防护用品一般应满足以下要求：

（1）外观无缺陷或损坏，附件齐全无损坏，安全标志清晰。

（2）劳动防护用品应经检验合格，不得超期使用。

（3）严格按照使用说明书正确使用劳动防护用品。

一、安全帽

安全帽是防止头部受坠落物及其他特定因素造成伤害的防护用品。在任何可能造成头部伤害的工作场所，都应佩戴安全帽。

1．类型

安全帽的生产企业多，使用范围广，品种繁多，结构也各异，其分类如下：

（1）按帽壳制造材料分为塑料安全帽、玻璃钢安全帽、橡胶安全帽、竹编安全帽、铝合金安全帽和纸胶安全帽等。

（2）按帽壳的外部形状分为单顶筋、双顶筋、多顶筋、"V"字顶筋、"米"字顶筋、无顶筋和钢盔式等多种形式。

（3）按帽檐尺寸分为大檐、中檐、小檐和卷檐安全帽，其帽檐尺寸分别为 50～70 mm，30～50 mm 以及 0～30 mm。

（4）按作业场所分为一般作业类和特殊作业类安全帽。一般作业类安全帽用于具有一般冲击伤害的作业场所，如建筑工地等；特殊作业类安全帽用于有特殊防护要求的作业场所，如低温、带电、有火源等场所。

2．结构

安全帽由帽壳、帽衬、下颏带、附件组成，如图 5-2 所示。

图 5-2　安全帽

3．使用要求

佩戴安全帽时应做到以下几点：

（1）安全帽在有效期限内。

（2）安全帽外观无破损，附件齐全。

（3）安全帽的帽檐必须与目视方向一致，不得歪戴和斜戴。

（4）佩戴时必须按头围的大小调整帽箍并系紧下颏带。

4．注意事项

（1）不同类别的安全帽，其技术性能要求也不一样，应根据实际需求加以选购。

（2）安全帽不得充当器皿、坐垫使用。

（3）不能随意在安全帽上拆卸或添加附件。

（4）经受过一次冲击或做过试验的安全帽应报废。

（5）安全帽的存放应避开高温、日晒、潮湿或酸、碱等化学试剂污染的环境，避免与硬物混放。

二、眼面防护用品

1. 作用和种类

眼面部防护用品种类很多,依据防护部位和性能,分为以下几种:

(1) 防护眼镜。

防护眼镜是在眼镜架内装有各种护目镜片,防止不同有害物质伤害眼睛的眼部防护具,如防冲击、辐射、化学药品等防护眼镜(见图 5-3 和图 5-4)。

图 5-3　护目镜　　　　　　　　　图 5-4　防风镜

防护眼镜按照外形结构分为普通型、带侧光板型、开放型和封闭型。

防护眼镜的标记由防护种类、材料和其他部分(包括遮光号、波长、密度等)组成。

(2) 防护面罩。

防护面罩是防止有害物质伤害眼面部(包括颈部)的护具,分为手持式、头戴式、全面罩、半面罩等多种形式。

(3) 防冲击眼护具。

防冲击眼护具是用来防止高速粒子对眼部的冲击伤害的,主要是大型切削、破碎、研磨、清砂、木工等各种机械加工行业的作业人员使用。防冲击眼护具包括防护眼镜、眼罩和面罩 3 类。

(4) 洗眼器。

洗眼器是当发生有毒有害物质(如化学液体等)喷溅到工作人员身体、脸、眼或发生火灾引起工作人员衣物着火时,采用的一种迅速将危害降到最低的有效的安全防护用品。

切记,洗眼器仅用于紧急情况下,暂时减缓有害物质对人体的进一步侵害,进一步的处理和治疗需要遵从医生的指导。

4220 型复合式冲淋洗眼器如图 5-5 所示。

2. 使用

使用者在选择眼面部防护用品时,应注意选择符合国家相关管理规定、标志齐全、经检验合格的眼面部防护用品,应检查其近期检验报告,并且要根据不同的防护目的选择不同的品种。

(1)根据不同的使用目的,正确地选择防冲击眼护具的级别,同时,使用时还应注意检查产品的标志。

(2)使用前应检查防冲击眼护具的零部件是否灵活、可靠,依据炉窑护目镜技术要求中的规定,检查眼镜的表面质量。使用中发生冲击事故,镜片严重磨损、视物不清、表面出现裂纹等任何影响防护质量的问题均应及时检查或更换。

图 5-5 洗眼器

(3)应保持防护眼镜的清洁卫生,禁止与酸、碱及其他有害物接触,避免受压、受热、受潮及阳光照射,以免影响其防护性能。

三、防噪音耳塞和耳罩

在任何可能造成头部伤害的工作场所,都应佩戴防噪音耳塞或耳罩。防噪音耳塞主要用于隔绝声音进入中耳和内耳,达到隔音的目的,从而使人能够得到宁静的工作环境。防噪音耳罩是保护在强噪音、震动下工作人员听力健康的劳动保护用品。

1. 防噪音耳塞

(1)结构。

按其声衰减性能分为防低、中、高频声耳塞和隔高频声耳塞,一般由硅胶或低压泡沫材质、高弹性聚酯材料制成,如图 5-6 所示。

(2)使用要求。

① 拉起上耳角,将耳塞的 2/3 塞入耳道中。

② 按住耳塞约 20 s,直至耳塞膨胀并堵住耳道。

③ 用完后取出耳塞时,将耳塞轻轻地旋转拉出。

(3)注意事项。

① 耳塞插入外耳道太深或太浅,造成不易取出或容易脱落。

② 使用防噪音耳塞前要洗净双手。

③ 及时对防噪音耳塞进行更换或清洗。

2．防噪音耳罩

（1）结构。

防噪音耳罩一般由双防噪音耳罩和连接装置组成（见图 5-7），耳罩外层为硬塑料壳，内加入吸音、隔音和防震材料，佩戴防噪音耳罩一般可以降低噪音 15～35 dB。

图 5-6　防噪音耳塞

图 5-7　防噪音耳罩

（2）使用要求。

使用时，罩紧耳朵即可。

（3）注意事项。

防噪音耳罩应避免暴晒、高温、潮湿和雨淋。发现外部损伤和内部填充材料损坏应及时报废。

四、正压式空气呼吸器

1．工作原理

正压式空气呼吸器属自给式开路循环呼吸器，是使用压缩空气的带气源的呼吸器，它依靠使用者背负的气瓶供给所呼吸的气体。

气瓶中高压压缩空气被高压减压阀降为中压 0.7 MPa 左右输出，经中压管送至需求阀，然后通过需求阀进入呼吸面罩，吸气时需求阀自动开启供使用者吸气，并保持一个可自由呼吸的压力。呼气时，需求阀关闭，呼气阀打开。在一个呼吸循环过程中，面罩上的呼气阀和口鼻上的吸气阀都为单方向开启，所以整个气流是沿着一个方向构成一个完整的呼吸循环过程。

2. 结构

正压式空气呼吸器主要由压缩空气瓶、背板、面罩、一些必要的配件(如高压减压阀、供气阀、夜光压力表)等组成,如图5-8所示。

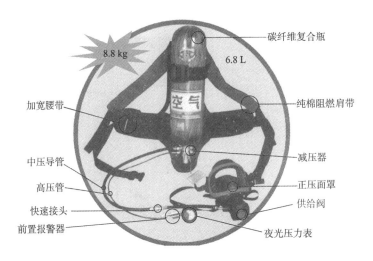

图 5-8　RHZKF 型正压式空气呼吸器

3. 操作

员工在使用前应认真阅读使用说明书,一般操作步骤如下(见图5-9):

(1)使用前应进行整体外观检查,测试气瓶的气体压力、连接管路的密封性和报警器的灵敏度。

(2)佩戴步骤。

首先把需求阀置于待机状态,将气瓶阀打开(至少拧开两整圈以上),弯腰将双臂穿入肩带,双手正握抓住气瓶中间把手,缓慢举过头顶,迅速背在身后,沿着斜后方向拉紧肩带,固定腰带,系牢胸带。调节肩带、腰带,以合身、牢靠、舒适为宜。

背上呼吸器时,必须用腰部承担呼吸器的重量,用肩带做调节,千万不要让肩膀承担整个重量,否则,容易疲劳及影响双上肢的抢险施工。再将内面罩朝上,把面罩上的一条长脖带套在脖子上,使面罩挎在胸前,再由下向上带上面罩。双手密切配合,收紧面罩系带,以使全面罩与面部贴合良好,无明显压痛为宜。立即用手掌堵住面罩进气口,用力吸气,面罩内产生负压,这时应没有气体进入面罩,表示面罩的气密性合格。

然后对好需求阀与面罩快速接口并确保连接牢固,固定好压管以使头部的运动自如。深呼吸2~3次,感觉应舒畅,检查一下呼吸器供气均匀即可投入正常抢险使用。如果在使用合格空气呼吸器的过程中报警器发出报警汽笛声,使用者一定要立即离开危险区域。

在确保周围环境的空气安全时才可以脱下呼吸器；关闭气瓶阀手轮，泄掉连接管路内余压。

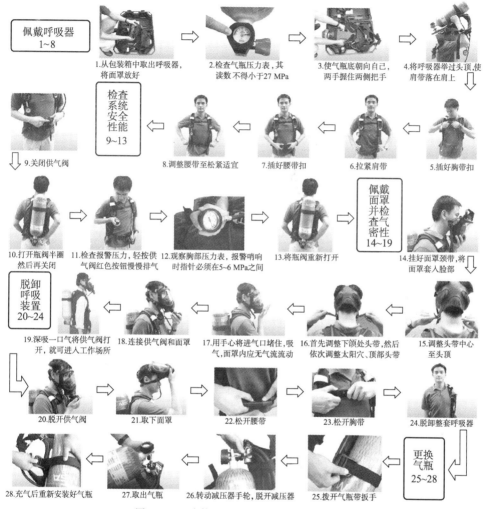

图 5-9 正确使用正压式空气呼吸器的步骤

4. 检查

正压式空气呼吸器购买后和使用前，必须进行下列检查：

（1）检查全面罩。面罩及目镜破损的严禁使用。

（2）检查气瓶压力余气报警器。开启气瓶阀检查贮气压力，低于额定压力80%的，不得使用。

（3）戴好面罩，使面罩与面部贴合良好，面部应感觉舒适，无明显压痛。

（4）深呼吸 2～3 次，对正压式空气呼吸器管路进行气密性检查。气密性良好,打开气瓶阀,人体能正常呼吸方能投入使用。

(5) 正压式空气呼吸器使用后,必须按下列要求使其尽快恢复使用前的技术状态:清洁污垢,检查有无损坏情况;对空气瓶充气;用中性消毒液(不得使用含苯酚的消毒液)洗涤面罩、呼气阀及供气调节器的弹性膜片;最后在清水中漂洗,使其自然干燥,不得烘烤暴晒。

(6) 按使用前的准备工作要求,对正压式空气呼吸器进行气密性试验。

正压式空气呼吸器必须定期检查。不常使用的一月检查一次,经常使用的一周检查一次。定期检查的主要项目是:

(1) 全面罩的镜片、系带、环状密封、呼气阀、吸气阀、空气供给阀等机件应完整好用,连接正确可靠,清洁无污垢。

(2) 气瓶压力表工作正常,连接牢固。

(3) 背带、腰带完好、无断裂现象。

(4) 气瓶与支架及各机件连接牢固,管路密封良好。

(5) 气瓶压力一般为 28~30 MPa。压力低于 28 MPa 时,应及时充气。

(6) 整机气密检查:打开气瓶开关,待高压空气充满管路后关闭气瓶开关,观察压力表变化,其指示值在 1 min 内下降不应超过 2 MPa。

(7) 余气报警器检查:打开气瓶开关,待高压空气充满管路后关闭气瓶开关,观察压力变化,当压力表数值下降至 5~6 MPa 时,应发出报警音响,并连续报警至压力表数值"0"位为止。超过此标准为不合格。

(8) 空气供给阀和全面罩的匹配检查:正确佩戴正压式空气呼吸器后,打开气瓶开关,在呼气和屏气时,空气供给阀应停止供气,没有"咝咝"响声。在吸气时,空气供给阀应供气,并有"咝咝"响声。反之应更换全面罩或空气供给阀。

(9) 维修检验正压式空气呼吸器时必须认真填写记录卡片,并在其背托上粘贴检验合格证或标志。维修检验档案和记录卡片应存档保留 2 年以上。

(10) 气瓶应严格按国家有关高压容器的使用规定进行管理和使用,使用期以气瓶标明期为准,一般每 3 年进行一次水压试验。

(11) 充装气瓶时必须按照安全规则执行。充装好的气瓶应放置在储存室,轻拿轻放,码放整齐,高度不应超过 1.2 m,禁止阳光暴晒和靠近热源。

(12) 正压式空气呼吸器存放场所,室温应在 5~30 ℃,相对湿度 40%~80%,空气中不应有腐蚀性气体。长期不使用的,全面罩应处于自然状态存放,其橡胶件应涂滑石粉,以延长使用寿命。

5. 注意事项

(1) 正压式空气呼吸器的高压、中压压缩空气不应直吹人的身体,以防造成伤害。

（2）正压式空气呼吸器不准做潜水呼吸器使用。

（3）拆除阀门、零件及拔开快速接头时,不应在有气体压力的情况下进行。

（4）正压式空气呼吸器减压阀、报警器和中压安全阀的压力值出厂时已调试好,非专职维修人员不得调试,呼气阀中的弹簧也不得任意调换。

（5）用压缩空气吹除正压式空气呼吸器的灰尘、粉屑时应注意操作人员的手、脸、眼,必要时应戴防护眼镜、手套。

（6）气瓶压力表应每年校验一次。

（7）气瓶充气不能超过额定工作压力。

（8）不准使用已超过使用年限的零部件。

（9）正压式空气呼吸器的气瓶不准充填氧气,以免气瓶内存在油迹遇高压氧后发生爆炸,也不能向气瓶充填其他气体、液体。

（10）正压式空气呼吸器的密封件和少数零件在装配时,只准涂少量硅脂,不准涂油或油脂。

（11）正压式空气呼吸器的压缩空气应保持清洁。

五、绝缘手套

1. 作用

绝缘手套是作业人员在其标示电压以下的电气设备上进行操作时佩戴的手部防护用品。

2. 类型

根据使用方法可分为常规型绝缘手套和复合绝缘手套。常规型绝缘手套自身不具备机械保护性能,一般要配合机械防护手套(如皮质手套等)使用;复合绝缘手套是自身具备机械保护性能的绝缘手套,可以不用配合机械防护手套使用。

3. 结构

绝缘手套如图 5-10 所示。

4. 使用要求

（1）检查绝缘手套是否在检验有效期内,要求每 6 个月检验一次。

（2）使用前对绝缘手套进行外部检查:绝缘手套表面必须平滑,内外面应无针孔、疵点、裂纹、砂眼、杂质、修剪损伤、夹紧痕迹等各种明显缺陷和明显的波纹及明显的铸模痕迹,不允许有染料溅污痕迹。佩戴前还应对绝缘手套进行气密性检查,具体方法是:将手套从口部向上卷,稍用力将空气压至手掌及指头部

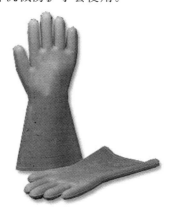

图 5-10 绝缘手套

分,检查上述部位有无漏气,如有漏气现象则不能使用。

(3) 使用绝缘手套时,可戴上一副棉纱手套,防止手部出汗而带来的操作不便。

(4) 戴绝缘手套时,应将外衣袖口放入手套的伸长部分里。

(5) 使用时注意防止尖锐物体刺破手套。

5. 不安全行为

(1) 使用未检验的绝缘手套。

(2) 将绝缘手套当作普通防护手套使用。

(3) 使用后未将绝缘手套污物擦洗干净,放于地上。

(4) 绝缘手套上堆压物件。

(5) 绝缘手套与油、酸、碱或其他影响橡胶质量的物质接触,并距离接触热源 1 m 以内。

六、绝缘靴

1. 作用

绝缘靴用于电气作业人员的保护,防止在一定电压范围内的触电事故。

2. 类型

根据帮面材料可分为电绝缘皮鞋、电绝缘布面胶鞋、电绝缘全橡胶鞋和电绝缘全聚合材料鞋;根据鞋帮高低可分为低帮电绝缘鞋、高腰电绝缘鞋、半筒电绝缘鞋和高筒电绝缘鞋。

3. 结构

绝缘靴如图 5-11 所示。

4. 使用要求

(1) 检查绝缘靴是否在检验有效期内,要求每 6 个月检验一次。

(2) 将绝缘靴使用前应对绝缘靴进行外部检查,查看表面有无损伤、磨损或破漏、划痕等。

5. 不安全行为

(1) 使用未检验的绝缘靴。

(2) 将绝缘靴当作雨鞋使用或作其他用。

(3) 绝缘靴未存放在干燥、阴凉的地方,其上堆压物件。

(4) 绝缘靴与石油类、其他有机溶剂、酸碱等腐蚀性化学药剂接触。

图 5-11　绝缘靴

七、安全带

1．作用

安全带（Z 类安全带）是高处作业工人预防坠落伤亡的防护用品。

2．类型

根据产品性能安全带可分为：一般性能（Y）、抗静电性能（J）、抗阻燃性能（R）、抗腐蚀性能（F）和适合特殊环境（T）的安全带。如"Z-JF"代表坠落悬挂、抗静电、抗腐蚀安全带。

3．结构

安全带一般由带子、绳子和金属配件组成，如图 5-12 所示。安全带的主要技术指标包括外观、形式和尺寸、零部件破坏负荷测试、整体静负荷测试、整体冲击试验及标志。

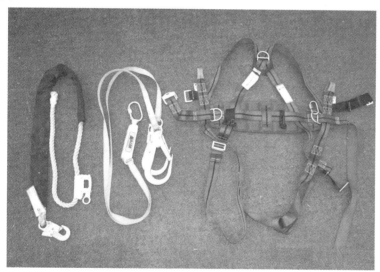

图 5-12　安全带

4．穿戴要求

（1）检查安全带是否在有效期内。

（2）对安全带的带子、绳子和金属配件进行外观检查。

（3）将安全带穿过手臂至双肩，保证所有织带没有缠结，自由悬挂，肩带必须保持垂直，不要靠近身体中心。

（4）将胸带通过穿套式搭扣连接在一起，多余长度的织带穿入调整环中。

（5）将腿带与臀部两边织带上的搭扣连接，将多余长度的织带穿入调整环中。

（6）从肩部开始调整全身的织带，确保腿部织带的高度正好位于臀部的下方，然后对腿部织带进行调整,试着做单腿前伸和半蹲,调整使两侧腿部织带长度相同,胸部织带要交叉在胸部中间位置,并且大约离开胸骨底部3个手指宽的距离。

(7) 在头顶上方选择尽可能近的承重能力大的牢固挂点。

5. 注意事项

(1) 不得使用超期的安全带。

(2) 应高挂低用。

(3) 不得将绳打结使用。

(4) 严禁任意拆掉安全带上的各种部件。

(5) 严禁擅自对部件进行改造。

第三节 设备与工艺系统保护装置

设备与工艺系统保护装置是指为设备与工艺系统的安全运行而特别设置的保护装置。

在石油天然气工业中,设备与工艺系统保护装置可分为:

(1) 机械设备保护装置,如机械式的限位、自锁、连锁等保护装置。

(2) 电气设备保护装置,如电子式的自锁、连锁、漏电等保护装置。

(3) 石油天然气输送系统保护装置,如压力、液位、温度、流量等保护装置。

一、漏电保护器

漏电保护器是指当电路中发生漏电或触电时,能够自动切断电源的保护装置,包括各类漏电保护开关(断路器)、漏电保护插头(座)、漏电保护断电器、带漏电保护功能的组合电器等。

1. 主要用途

(1) 防止由于电气设备和电气线路漏电引起的触电事故。

(2) 防止用电过程中的单相触电事故。

(3) 及时切断电气设备运行中的单相接地故障,防止因漏电引起的电气火灾事故。

2. 使用范围

(1) 触电、防火要求较高的场所和新、改、扩建工程使用各类低压用电设备、插座,均应安装漏电保护器。

(2) 对新制造的低压配电柜(箱、屏)、动力柜(箱)、开关箱(柜)、操作台、试验台,以及机床、起重机械、各种传动机械等机电设备的动力配电箱,在考虑设备的过载、短路、失压、断相等保护的同时,必须考虑漏电保护。用户在使用以上设备时,应优先采用带漏电保护的电气设备。

（3）建筑施工场所、临时线路的用电设备，必须安装漏电保护器。

（4）手持式电动工具（除Ⅲ类外：因Ⅲ类工具由安全电压电源供电）、移动式生活日用电器（除Ⅲ类外）、其他移动式机电设备以及触电危险性大的用电设备，必须安装漏电保护器。

（5）潮湿、高温、金属占有系数大的场所及其他导电良好的场所，如机械加工、冶金、化工、船舶制造、纺织、电子、食品加工、酿造等行业的生产作业场所，以及锅炉房、水泵房、食堂、浴室、医院等辅助场所，必须安装漏电保护器。

3．参数选择

（1）电压型漏电保护器的主要参数是漏电动作电压和动作时间。漏电动作电压即为漏电时能使漏电保护器动作的最小电压，额定漏电动作电压一般不超过安全电压。

（2）电流型漏电保护器的主要参数是漏电动作电流和动作时间。漏电动作电流即为漏电时能使漏电保护器动作的最小电流。

（3）以防止触电事故为目的的漏电保护器应采取高灵敏度、快速型。动作时间为 1 s 以下者，额定漏电动作电流和动作时间的乘积不大于 30 mA·s，这是选择漏电保护器的基本要求。

4．工作原理

漏电保护器的基本结构由 3 部分组成，即检测机构、判断机构和执行机构。因为电气设备在正常工作时，从电网流入的电流和流回电网的电流总是相等的，但当电气设备漏电或有人触电时，流入电气设备的电流就有一部分直接流入大地，这部分流入大地并经过大地回到变压器中性点的电流就是漏电电流。有了漏电电流，壳体对地电压就不为零了，这个电压称为漏电电压。检测机构的任务是将漏电电流或漏电电压的信号检测出来，然后送给判断机构。判断机构的任务是判断检测机构送来的信号是否达到动作电流或动作电压，如果达到动作电流或电压，它就会把信号传给执行机构。执行机构的任务是按判断机构传来的信号迅速动作，实现断电。

5．安装与使用

（1）漏电保护器安装时应检查产品合格证、认证标志、试验装置，发现异常情况必须停止安装。

（2）漏电保护器的保护范围应是独立回路，不能与其他线路有电气上的连接。一台漏电保护器容量不够时，不能两台并联使用，应选用容量符合要求的漏电保护器。

（3）安装漏电保护器后，不能撤掉或降低对线路、设备的接地或接零保护要求及措施,安装时应注意区分线路的工作零线和保护零线,工作零线应接入漏电保护器,并应穿过漏电保护器的零序电流互感器。经过漏电保护器的工作零线不得作为保护零线,不得重复接地或接设备的外壳。线路的保护零线不得接入漏电保护器。

(4) 潮湿、高温、金属占有系数大的场所及其他导电良好的场所,以及锅炉房、水泵房、食堂、浴室、医院等辅助场所,必须设置独立的漏电保护器,不得用一台漏电保护器同时保护两台以上的设备(或工具)。

(5) 安装带过电流保护的漏电保护器时,应另外安装过电流保护装置。采用熔断器作为短路保护时,熔断器的安秒特性与漏电保护器的通断能力应满足要求。

(6) 漏电保护器经安装检查无误,并操作试验按钮检查动作情况正常,方可投入使用。

(7) 漏电保护器的安装、检查等应由电工负责。电工应参加有关漏电保护器知识的培训、考核,内容包括漏电保护器的原理、结构、性能、安装使用要求、检查测试方法、安全管理等。

(8) 回路中的漏电保护器停送电操作应按倒闸操作程序及有关安全操作规程进行。

(9) 使用者应掌握漏电保护器的安装使用要求、保护范围、操作及定期检查的方法。使用者不得自行装拆、检修漏电保护器。

(10) 漏电保护器发生故障,必须更换合格的漏电保护器。

6. 维护

(1) 对运行中的漏电保护器应进行定期检查,每月至少检查一次,并做好检查记录。检查内容包括外观检查、试验装置检查、接线检查、信号指示及按钮位置检查。

(2) 检查漏电保护器时,应注意操作试验按钮的时间不能太长,次数不能太多,以免烧坏内部元件。

(3) 运行中的漏电保护器发生动作后,应根据动作的原因排除故障,方能进行合闸操作。严禁带故障强行送电。

(4) 漏电保护器的检修应由专业生产厂家进行,检修后的漏电保护器必须由专业生产厂家按国家标准进行试验,并出具检验合格证。检修后仍达不到规定要求的漏电保护器必须报废销毁,任何单位、个人不得回收利用。

二、安全阀

1. 作用

安全阀是一种安全保护用阀,它的启闭件在外力作用下处于常闭状态,当设备或管道内的介质压力升高,超过规定值时自动开启,通过向系统外排放介质来防止管道或设备内介质压力超过规定数值。安全阀属于自动阀类,主要用于锅炉、压力容器和管道,控制压力不超过规定值,对人身安全和设备运行起重要保护作用。

2. **类型**

安全阀根据动作方式的不同可分为:直接载荷式、带动力辅助装置、带补充载荷和先导式安全阀。

3. **结构原理**

弹簧直接载荷式安全阀及其内部结构(参照 GB/T 12243—2005)如图 5-13 所示。

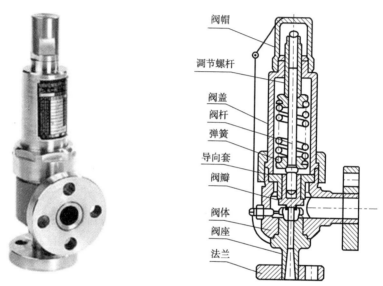

图 5-13　弹簧直接载荷式安全阀及其内部结构

工作原理(以弹簧式安全阀为例):当安全阀阀瓣下的介质压力超过弹簧的压紧力时,阀瓣顶开,介质被排出。随着安全阀的打开,介质不断排出,系统内的介质压力逐步降低。当系统内压力低于弹簧作用力时安全阀关闭。

4. **安全要求**

(1)安装应满足的要求。

安全阀安装于一个进口支管上时,该支管通道的最小横截面积应不小于安全阀进口截面积。进口支管应短而直,不应设置在某一支管的正对面。

对安装安全阀的管道或者容器应给予足够的支撑,以保障振动不会传递到安全阀,且所有相关管道的安装方式应避免对安全阀产生过大的应力,以防导致阀门变形和泄漏。

安全阀的安装位置应尽可能靠近被保护的系统,便于进行功能试验和维修。

安全阀排放管道的安装应不影响安全阀的排量,同时应充分考虑安全阀排放反作用力对安全阀进口连接部位的影响。安全阀的排放或疏液应位于安全地点。应特别注意危险介质的排放及疏液，以及任何可能导致排放管道系统阻塞的条件。

安装完毕，排放管线上应标注指示介质流向的箭头。

（2）日常使用中，为确保良好的工作状态，安全阀应加强维护与检查，保持阀体清洁，防止阀体及弹簧锈蚀，防止阀体被油垢、异物堵塞，要经常检查阀的铅封是否完好，防止弹簧式安全阀调节螺母被随意拧动，发现泄漏应及时更换或检修。

（3）安全阀应定期进行检验，包括开启压力、回座压力、密封程度等，其要求与安全阀的调试相同。

三、车用阻火器

阻火器又名防火器，阻火器的作用是防止外部火焰蹿入存有易燃易爆气体的设备、管道内，或阻止火焰在设备、管道间蔓延。阻火器是应用火焰通过热导体的狭小孔隙时，由于热量损失而熄灭的原理设计制造的。阻火器的阻火层结构有砾石型、金属丝网型或波纹型。适用于可燃气体管道，如汽油、煤油、轻柴油、苯、甲苯、原油等油品的储罐或火炬系统，气体净化通化系统，气体分析系统，煤矿瓦斯排放系统，加热炉燃料气的管网，也可用于乙炔、氧气、氮气、天然气管道。本书重点介绍车用阻火器。

1. 作用与结构类型

车用阻火器是一种安装在内燃机排气管路后，允许排气流通过，并能够阻止排气流内的火焰和火星喷出的安全防火、阻火装置，车用阻火器也称车用防火帽、车用阻火罩等，如图 5-14 所示。

2. 车用阻火器的维护保养

（1）安装时一定要与排气管口径吻合并固定，否则车辆以及内燃机在运动的过程中，阻火器容易脱落。

（2）车辆在进入易燃易爆场所时，要确保阻火器处于关闭状态。

（3）经常检查阻火器壳体是否有裂痕，配件是否齐全，及时清理阻火器内的积炭。

四、消声器

1. 作用

消声器是一种允许气流通过而使声能衰减的装置，将其安装在气流通道上便能降低空气动力性噪声。

图 5-14　车用阻火器

2．类型

消声器种类繁多，按主要类型和工作原理分为以下几种：

（1）阻性消声器。利用声波在多孔性吸收材料中传播时，摩擦将声能转化为热能而散发掉，以达到消声的目的。

（2）抗性消声器。利用声波的反射、干涉及共振等原理，吸收或阻碍声能向外传播。

（3）微穿孔板消声器。建立在微孔声结构基础上的既有阻性又有抗共振式消声器。

（4）复合式消声器。为达到宽频带、高吸收的消声效果，将阻性消声器和抗性消声器组合为复合式消声器。该类消声器既有阻性吸声材料，又有共振器、扩张室、穿孔屏等声学滤波器件。

（5）扩容减压、小孔喷注式排气放空消声器。为降低高温、高速、高压排气喷流噪声而设计的排气放空消声器。

消声器的分类见表 5-2。

表 5-2　消声器的分类

序号	类　型	形　式	消声频率特性	备　注
1	阻性消声器	直管式、片式、折板式、声流式、蜂窝式、弯头式	具有中、高频的消声性能	适用于消除风机、燃气轮机的进气噪声等
2	抗性消声器	扩张室式、共振腔式、干涉式	具有低、中频消声性能	适用于消除空气机、内燃机、汽车的排气噪声等
3	阻抗复合式消声器	阻扩型、阻共型、阻扩共型	具有低、中、高频消声性能	适用于消除鼓风机、发动机试车台的噪声
4	微穿孔板消声器	单层微穿孔板消声器、双层微穿孔板消声器	具有宽频带消声性能	可用于高温、潮湿有水气、有油雾、有粉尘及要求特别清洁卫生的场所
5	喷注型消声器	小孔喷注型、降压扩容型、多孔扩散型	宽频带消声特性	适用于消除压力气体排放噪声，以及锅炉排气、工艺气体排放噪声

3．结构原理

采油作业中的主要噪音来源为注水泵房内的大功率电机,为控制其对员工的危害,通常在其外部加设消声器,其结构如图 5-15 所示。

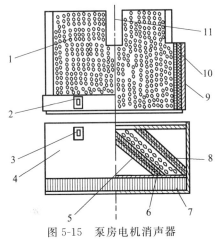

图 5-15　泵房电机消声器

1—消声器主体;2—挂钩合页;3—挂钩;4—消声器后盖;5—圆锥吸声壁;6—锥形吸声通风道;
7—进风槽;8—内圆锥吸声壁;9—多孔钢板;10—吸声棉;11—竖槽

油田泵房电机消声器由消声器主体和消声器后盖组成。消声器主体内壁为多孔钢板,多孔钢板与消声器主体外壳之间填充吸声棉,消声器主体一端有与后盖相连的挂钩合页,另一端有竖槽。消声器后盖为圆筒形,消声器后盖内有圆锥吸声壁和内圆锥吸声壁组成的锥形吸声通风道,消声器后盖有进风槽,另一端有与消声器主体连接的挂钩。

4．注意事项

(1)消声器安装于需要消声的设备或管道上。消声器与设备或管道的连接一定要牢靠,且不应与风机接口直接连接。

(2)消声器法兰和风机管道法兰连接处应加弹性垫并密封,以避免漏声、漏气或刚性连接引起固体传声。

(3)消声器露天使用时应加防雨罩,作为进气消声使用时应加防尘罩,含粉尘的场合应加滤清器。

第四节　安全与应急设施设备和器材

为生产场所的安全和应急状态下的处置要求专门配置的设施设备和器材,称为安全与应急设施设备和器材。请特别注意,有些设施设备和器材既是日常工作中的安全需要,也是应急状态下处置的需要。

在石油天然气工业中,安全与应急设施设备和器材可分为:

(1) 安全标志与信号,如标志牌、信号灯、风力风向仪或风向袋(风斗)、应急逃生通道等。

(2) 消防系统,如消防栓、灭火器等。

(3) 救生与逃生,如逃生通道、救生艇等。

(4) 通信系统,如防爆手机、无线电对讲机等。

(5) 检测报警系统,如有毒有害气体检测仪、火灾检测报警系统等。

(6) 防火防爆,如防火墙、防爆墙等。

(7) 紧急关断,如紧急关断阀等。

(8) 放空系统,如安全阀、阻火器等。

(9) 防雷防静电,如防雷装置、防静电接地等。

一、安全标志

(一) 安全色与色光

1. 安全色

(1) 安全色:传递安全信息含义的颜色,包括红、蓝、黄、绿 4 种颜色。

(2) 对比色:使安全色更加醒目的反衬色,包括黑、白 2 种颜色。

(3) 色域:在色度学中,色品图上的一块面积或空间内的一个体积。这部分色品图或色空间通常包括所有可由特殊选择配色参量而复现的色。

2. 颜色表征

(1) 安全色。

① 红色:表示禁止、停止、危险以及消防设备的意思。凡是禁止、停止、消防和有危险的器件或环境均应涂以红色的标记作为警示的信号。

② 蓝色:表示指令,要求人们必须遵守的规定。

③ 黄色:表示提醒人们注意。凡是警告人们注意的器件、设备及环境都应以黄色表示。

④ 绿色:表示给人们提供允许、安全的信息。

(2) 对比色。

安全色与对比色同时使用时,应按表 5-3 中的规定搭配使用。

表 5-3　安全色和对比色

安全色	对比色	安全色	对比色
红　色	白　色	黄　色	黑　色
蓝　色	白　色	绿　色	白　色

注:黑色与白色互为对比色。

① 黑色:黑色用于安全标志的文字、图形符号和警告标志的几何边框。

② 白色:白色作为安全标志红、蓝、绿的背景色,也可用于安全标志的文字和图形符号。

(3) 安全色与对比色的相间条纹。

① 红色与白色相间条纹:表示禁止人们进入危险的环境。

② 黄色与黑色相间条纹:表示提示人们特别注意的意思。

③ 蓝色与白色相间条纹:表示必须遵守规定的信息。

④ 绿色与白色相间条纹:与提示标志牌同时使用,更为醒目地提示人们。

3. 安全色光

(1) 安全色光的种类。

安全色光(以下简称色光)为红、黄、绿、蓝 4 种色光。白色光为辅助色光。

(2) 色光表示事项及使用场所。

① 红色光是表示禁止、停止、危险、紧急、防火事项的基本色光,用在表示禁止、停止、危险、紧急、防火等事项的场所。

② 黄色光是表示注意事项的基本色光,用在有必要促使注意事项的场所。

③ 绿色光是表示安全、通行、救护的基本色光,用在有关安全、通行及救护的事项或其场所。

④ 蓝色光是表示引导事项的基本色光,用在指示停车场的方向及所在位置。

⑤ 白色光作为辅助色光,主要用于文字、箭头等,通常用作指引,用于指示方向和所到之处。

(二) 安全标志

安全标志是用以表达特定安全信息的标志,由图形符号、安全色、几何形状(边框)或文字构成。安全标志分禁止标志、警告标志、指令标志和提示标 4 四大类型。

1. 禁止标志

(1) 禁止标志的含义是禁止人们不安全行为的图形标志。

(2) 禁止标志的基本形式是带斜杠的圆边框,如图 5-16 所示。

图 5-16　禁止标志

2. 警告标志

（1）警告标志的基本含义是提醒人们对周围环境引起注意，以避免可能发生的危险。

（2）警告标志的基本形式是正三角形边框，如 5-17 所示。

图 5-17　警告标志

3. 指令标志

（1）指令标志的含义是强制人们必须做出某种动作或采用防范措施的图形标志。

（2）指令标志的基本形式是圆形边框，如图 5-18 所示。

| 必须戴防护眼镜 | 必须戴护耳器 | 必须戴防毒面具 | 必须戴防尘口罩 | 必须戴安全帽 |

| 必须戴防护帽 | 必须穿防护服 | 必须穿救生衣 | 必须系安全带 | 必须戴防护手套 |

| 必须穿防护鞋 | 必须加锁 |

图 5-18　指令标志

图 5-19　提示标志

4．提示标志

（1）提示标志的含义是向人们提供某种信息（如标明安全设施或场所等）的图形标志。

（2）提示标志的基本形式是正方形边框，如图 5-19 所示。

5．安全标志牌的使用要求

（1）标志牌的高度应尽量与人眼的视线高度相一致。悬挂式和柱式的环境信息标志牌的下缘距地面的高度不宜小于 2 m，局部信息标志的设备高度应视具体情况确定。

（2）标志牌应设在与安全有关的醒目地方，并使大家看见后，有足够的时间来注意它所表示的内容。环境信息标志宜设在有关场所的入口处和醒目处，局部信息标志应设在所涉及的相应危险地点或设备（部件）附近的醒目处。

（3）标志牌不应设在门、窗、架等可移动的物体上，以免这些物体位置移动后，看不见安全标志。标志牌前不得放置妨碍认读的障碍物。

（4）标志牌的平面与视线夹角应接近 90°，观察者位于最大观察距离时，最小夹角不低于 75°。

（5）标志牌应设置在明亮的环境中。

（6）多个标志牌设置在一起时，应按警告、禁止、指令、提示的顺序，先左后右、先上后下地排列。

（7）标志牌的固定方式分附着式、悬挂式和柱式 3 种。悬挂式和附着式的固定应稳固不倾斜，柱式的标志牌和支架应牢固地连接在一起。

二、风向标

1．风向标的原理

当风的来向与风向标成某一交角时，风对风向标产生压力，这个力可以分解成平行和垂直于风向标的 2 个风力。由于风向标头部受风面积比较小，尾翼受风面积比较大，因而感受的风压不相等，垂直于尾翼的风压产生风压力矩，使风向标绕垂直轴旋转，直至风向标头部正好对风的来向时，由于翼板两边受力平衡，风向标就稳定在某一方位。

风向标的箭头永远指向风的来向，其原理其实非常简单：箭尾受风面积比箭头大，若箭头及箭尾均受风，箭尾必被风推后，使箭头移往风的来向。

2．风向的规定

由于受到摩擦力的影响，风速会随着高度上升而增加。风速表安放于空旷地区的标准高度是离地面 10 m。空旷地区是指风速表与任何障碍物的距离不少于该障碍物 10 倍高度的范围。

风向是指风吹来的方向,如北风是由北吹向南的风。风向可以用风向标来测量。风向标的箭头指向的是风吹来的方向,我们用它来描述风向。

随着季节的转化,各地区风向也随着季节发生一定变化,采气场站设置风向标的目的,就是让在岗员工掌握风向变化。当井场发生火警或含硫气井管线发生泄漏时,便于上岗人员往上风方向疏散或处理事故,防止人员受伤或设备受到较大损失。风向标基本上是一个不对称形状的物体,重心固定于垂直轴上。当风吹过,对空气流动产生较大阻力的一端便会顺风转动,显示风向。现场常用的风向标有风向袋和风速风向仪,风速风向仪又分为固定式风速风向仪和手持式风速风向仪,如图 5-20 所示。

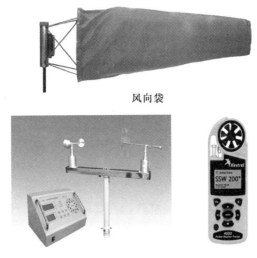

风向袋

固定式风速风向仪　　　　手持式风速风向仪

图 5-20　风向标

3.风向标的设计制作要求

(1)风小时能反映风向的变动,即有良好的启动性能。

(2)具有良好的动态特性,即能迅速准确地跟踪外界的风向变化。

由于风向标的动态特性,常规风向袋用于指示风向,提供风速参考。风向标由布质防水风向袋、优质不锈钢轴承风动系统、不锈钢风杆 3 个部分组成。布质风向袋采用轻质防水布制作,具有灵活度高、使用寿命长的优点,不锈钢轴承风动系统由不锈钢主轴、不锈钢风动轴、双进口优质轴承、防水部件等构成,具有精度高、风阻小、回转启动风速小、可靠性高、使用寿命长等优点。

三、消防设施

消防设施是指火灾自动报警系统、自动灭火系统、消火栓系统、防烟排烟系统、应急广播和应急照明、安全疏散设施等。

消防设施归纳起来共有 13 类:建筑防火及疏散设施,消防给水,防烟及排烟设施,消防电气与通讯设施,自动喷水与灭火系统,火灾自动报警系统,气体自动灭火系统,水喷雾自动灭火系统,低倍数泡沫灭火系统,高、中倍数泡沫灭火系统,蒸汽灭火系统,移动式灭火器材,其他灭火系统。

消防设施的保养与维护一般应满足以下要求:

(1)室外消火栓由于处在室外,经常受到自然和人为的损坏,所以要经常维护。

(2)室内消火栓给水系统至少每半年要进行 1 次全面检查。

(3)自动喷水灭火系统,每 2 个月应对水流指示器进行 1 次功能试验,每个季度应对报警阀进行 1 次功能试验。

(4)消防水泵是水消防系统的心脏,因此应每月启动运转 1 次,检查水泵运行是否正常,出水压力是否达到设计规定值。每年应对水消防系统进行 1 次模拟火警联动试验,以检验火灾发生时水消防系统是否迅速开通投入灭火作业。

(5)高、低倍数泡沫灭火系统每半年应检查泡沫液及其储存器、过滤器、产生泡沫的有关装置,对地下管道应至少 5 年检查 1 次。

(6)气体灭火系统每年至少检修一次,自动检测、报警系统每年至少检查两次。

(7)火灾自动报警系统投入运行 2 年后,其中点型感温、感烟探测器应每隔 3 年由专门的清洗单位全部清洗 1 遍,清洗后应做响应阈值及其他必要功能试验,不合格的严禁重新安装使用。

(8)灭火器应每半年检查 1 次,到期的应及时更换。

油田企业基层员工应重点掌握常见灭火器的相关知识。

1.火灾类型

根据可燃物的类型和燃烧特性,火灾分为 A,B,C,D,E,F 6 类。

A 类火灾是指固体物质火灾。这种物质通常具有有机物质性质,一般在燃烧时能产生灼热的余烬,如木材、煤、棉、毛、麻、纸张等火灾。

B 类火灾是指液体或可熔化的固体物质火灾,如煤油、柴油、原油、甲醇、乙醇、沥青、石蜡等火灾。

C 类火灾是指气体火灾,如煤气、天然气、甲烷、乙烷、丙烷、氢气等火灾。

D 类火灾是指金属火灾,如钾、钠、镁、铝镁合金等火灾。

E 类火灾是指带电火灾,即物体带电燃烧的火灾。

F 类火灾是指烹饪器具内的烹饪物(如动植物油脂)火灾。

2.灭火器类型

按使用方式灭火器可分为便携式和推车式。

按驱动压力形式分为贮气瓶式灭火器和贮压式灭火器。

按充装的灭火剂分为:

（1）水基型灭火器（水型包括清洁水或带添加剂的水，如湿润剂、增稠剂、阻燃剂或发泡剂等）。

（2）干粉型灭火器（干粉有"BC"和"ABC"型，或为 D 类火特别配制的类型）。

（3）二氧化碳灭火器。

（4）洁净气体灭火器。

3. 常用灭火器的结构原理及使用要求

总体上灭火器的组成部分包括：储罐，内装灭火剂和驱动气体；阀门，用以控制灭火剂的流动；喷嘴或喷射软管，用以将灭火剂喷射至炉火上；灭火剂，可扑灭火灾或控制燃烧；驱动气体，用以驱动灭火剂喷出。灭火器如图 5-21 所示。

图 5-21　灭火器

（1）泡沫灭火器。

① 结构。

手提式泡沫灭火器和推车式泡沫灭火器的结构如图 5-22 所示。

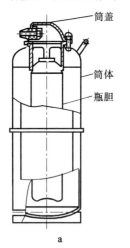
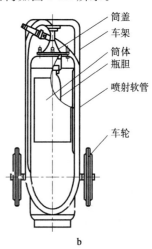

a　　　　　　　　　　　　b

图 5-22　泡沫灭火器
a—手提式泡沫灭火器；b—推车式泡沫灭火器

② 灭火原理。

此类灭火器的外机筒内盛装有碳酸氢钠(小苏打)与发泡剂的混合药液,瓶胆内盛装有硫酸铝溶液,两者相混合后,酸碱中和就会产生大量的泡沫群。

泡沫之所以能灭火,主要是由于其密度小,能够覆盖在着火物质的表面上,阻隔空气进入燃烧区内;其次,由于泡沫导热性很差,可以有效地阻止热量向外传递;再次,尽管泡沫的热容量很低,但是也能吸收一定的热量。

③ 适用灭火对象。

主要适用于扑救油类及一般固体物质的初期火灾(即 A,B 类火灾),不适用于扑救可燃气体,碱金属,电器以及醇类、醚类、酯类等的火灾。

④ 使用要求。

使用此类灭火器时首先应考虑其灭火对象和燃烧范围及风向的影响;然后将灭火器倾斜 45°并适当摇动,使药液充分混合。若是容器内易燃液体(油类)着火,要将泡沫喷射在容器的前沿内壁上,使其平稳地覆盖在油面上,切不可直接向油面喷射,以减小油面的搅动和泡沫层的破坏。此外,在用泡沫扑救的同时不能再用水扑救。因为水有稀释和破坏泡沫的作用。如果扑救的是固体物质火灾,要以最快的速度接近火源,向燃烧物上大面积喷射泡沫。

⑤ 注意事项。

使用过程中,泡沫灭火器的底部和机盖不能朝人。如果灭火器已经颠倒,泡沫仍喷射不出,应将机身平放在地上,用铁丝疏通喷嘴,切不可拆卸机盖,以免机盖飞出伤人。

泡沫灭火器内装药液,每年更换一次,冬季要做好防冻保护,以免失效。

(2)二氧化碳灭火器。

① 结构和组成。

二氧化碳灭火器的结构如图 5-23 和图 5-24 所示,主要由钢瓶、开关、喇叭喷射口及手柄组成。开关的形式有手轮式和鸭嘴式 2 种。

② 灭火原理。

二氧化碳之所以能够灭火,主要是它不燃烧也不助燃,能够稀释可燃气体,减少燃烧区内空气的含氧量。此外,二氧化碳还有极低的汽化温度(−78.5 ℃),可冷却可燃物质。

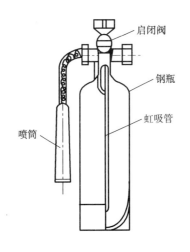

图 5-23　手轮式二氧化碳灭火器

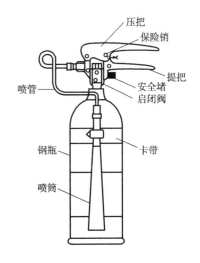

图 5-24　鸭嘴式二氧化碳灭火器

③ 适用灭火对象。

二氧化碳主要适用于扑救小型油类、电器、图书档案、精密仪器等的火灾。特别是扑救室内初期火灾更为有效。不适用扑救可燃气体、普通固体及可燃金属的火灾。

④ 使用要求。

使用者将灭火器提至起火地点后，应迅速使喇叭口对准火源，打开保险和开关，向火源喷射。由于开关种类不同，打开方法也不同。使用鸭嘴式开关时一只手拔去保险销后，紧握鸭嘴开关，另一只手握住喇叭口的木柄部位向火源喷射。手轮式开关的操作方法与鸭嘴式开关基本一致，但应注意手轮式开关开启的方向应向左旋转，并且应将其迅速旋到最大开启位置，以免造成少量开启，使灭火效果降低。

⑤ 注意事项。

使用此类灭火器时，一定要采用正常的操作方法，以免出现冻伤事故。灭火时查清燃烧物的性质后，方能确定是否使用该类灭火器；扑救火灾时应视火势大小与火源保持适当的灭火距离，以获得最佳的灭火效果。

二氧化碳灭火器必须每 3 个月进行一次检查保养。每年对所有的二氧化碳灭火器进行称重检查，二氧化碳重量减少 10% 以上应及时送往厂家检查和补充。此外，每 3 年应对二氧化碳灭火器进行一次耐压试验，以确保使用安全。

（3）干粉灭火器。

① 结构和组成。

干粉灭火器的结构如图 5-25 所示,主要由机身、二氧化碳气瓶、气管、粉管、喷嘴(或喷管)、提把和开关等组成。

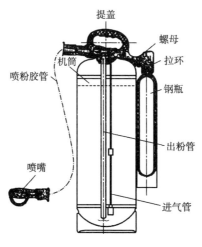

图 5-25 干粉灭火器

② 灭火原理。

干粉是一种干燥的细微固体粉末,主要由钠盐干粉(如碳酸氢钠)、钾盐干粉(如氯化钾)或氨基干粉与少量的添加剂(如流动促进剂、防潮剂等),经研磨混合而成。

干粉之所以能够灭火,主要是干粉灭火剂盛装于机筒内,在惰性气体(二氧化碳)的压力作用下喷出,形成浓云般的粉雾覆盖在燃烧物表面,使燃烧的连锁反应终止。同时,干粉还兼具有驱散空气、窒息炉火的作用。

③ 适用灭火对象。

干粉灭火器是一种新型灭火器,主要适用于扑救可燃气体、可燃液体和常压气体火灾等,不适用扑救可燃金属的火灾。

④ 使用要求。

使用干粉灭火器时,将其提至火场后,选择上风有利地形,一只手握住喷嘴,另一只手拔掉保险并紧握提柄,提起机身对准炉火进行迅速扑救。

⑤ 注意事项。

干粉灭火器使用前,首先要上下翻动数次,使干粉预先松动,以确保干粉有效喷出。此外,由于干粉灭火剂的冷却作用较弱,故扑救炽热物后要注意防止复燃。

干粉灭火器要防潮、防晒,不要存放于高温场所,每年抽查一次干粉,检查有无受潮结块,驱动气体的气瓶也应每年称重一次,二氧化碳气体的总体质量减少10%

以上应及时送往厂家检查和补充。

四、低压验电器

验电器是用于检验电气设备、电器是否有电的一种专用安全工具，分为高压验电器和低压验电器2种。低压验电器为了工作和携带方便，常做成钢笔式或螺丝刀式，由高值电阻、氖管、弹簧、金属触头和笔身组成，如图5-26所示。

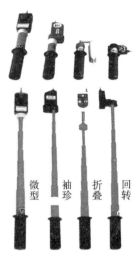

图 5-26　低压验电器

1．使用方法

（1）对低压验电器外观及附件进行检查。

（2）使用前必须核对低压验电器的电压等级与所操作的电气设备的电压等级是否相同。

（3）在使用前要在确知有电的设备或电路上试验一下，以证明其性能是否良好。

（4）手拿验电器，用一个手指触及金属笔卡，金属笔尖顶端接触被检查的带电部分，看氖管灯泡是否发亮，如果发亮，则说明被检查的部分是带电的，并且灯泡愈亮，说明电压愈高。

2．注意事项

（1）不准擅自调整、拆装。

（2）应存放在干燥、阴凉的地方。

（3）不要接触带腐蚀性的化学溶剂和洗涤剂，或用带腐蚀性的化学溶剂和洗涤剂进行擦拭。

五、便携式气体检测仪

1．气体检测仪的分类

按检测介质分类，有可燃性气体（含甲烷）检测仪、有毒有害气体（硫化氢、二氧化碳、一氧化碳）检测仪、氧气检测仪等。

按检测原理分类，可燃性气体检测仪有催化燃烧型、半导体型、热导型和红外线吸收型等；有毒有害气体检测仪有电化学型、半导体型等；氧气检测仪有电化学型等。

按使用方式分类，有便携式和固定式。如图5-27所示为便携式可燃气体检测仪和便携式硫化氢检测仪。

便携式可燃气体检测仪

便携式硫化氢检测仪

图 5-27　便携式气体检测仪

按使用场所分类,有常规型和防爆型。

按功能分类,有气体检测仪、气体报警仪和气体检测报警仪。

按采样方式分类,有扩散式和泵吸式。

2. 依据标准

气体检测报警仪应符合 GB 12358《作业环境气体检测报警仪通用技术要求》和 GB 3836《爆炸性气体环境用电气设备》的要求,并符合以下要求:

(1) 仪器的检验证书齐全,包括质量检验、计量检定、防爆检验和出厂校验等合格证书。

(2) 仪器检测有声光报警功能。

(3) 仪器有故障和电源欠压报警功能。

3. 操作规程

(1) 在非危险场所(纯净空气的地方),按下开关键,打开报警仪。

(2) 暖机及"零"位调整大约需 1 min,在暖机的同时检查电池的电量。

(3) 暖机完成后,可以进入危险场所进行检测。

(4) 检测结束,持续按下开关键直到倒计时结束后,电源被关闭。

(5) 严格按照产品使用说明书进行操作。

4. 安全注意事项

(1) 首次使用前,需对报警仪进行校准。

(2) 勿使报警仪经常接触浓度高于检测范围的高浓度气样,否则会直接影响传感器的使用寿命。

（3）擦拭仪器表面,严禁使用溶剂、肥皂或上光剂。

（4）探头处不得有快速流动气体直接吹过,否则会影响测试结果。

（5）便携式气体报警仪严禁在危险场所更换电池,且必须使用碱性干电池。

（6）可燃气体报警系统出现故障要及时修理,不允许长时间停止运行,若自己不能解决,要及时上报维修计划,请有资质的单位前来维修。

（7）如果仪器受到物理震动,必须重新进行响应和报警功能测试。

（8）仅可用于与传感器种类相对应的气体或蒸气的检测。

（9）确认仪器工作场所的氧气浓度符合仪器正常工作条件的要求。

（10）不要用于探测可燃尘雾。

（11）使用前和使用中经常检查传感器是否堵塞。

（12）不要在易燃环境下给锂电池充电。

（13）每天使用仪器之前都要认真检查仪器功能是否灵敏可靠。

（14）要对仪器操作、管理人员进行相关知识的培训,理论、实操考试合格后方可使用。

（15）不正确的使用或违章使用可能导致严重的人身伤害。

5．维护

（1）仪器应存放在通风、干燥、清洁、不含腐蚀性气体的室内。贮存温度为0～40 ℃,相对湿度低于85%。

（2）使用充电电池的仪器要及时充电;使用普通电池的仪器要及时更换电池,保证仪器能正常工作。

（3）使用传感器的检测仪器要根据使用寿命定期更换传感器。

（4）固定式检测仪安装后要经过标定验收合格,并出具检验合格报告后,方可投入使用。

（5）仪器的维修与标定工作应由有资质的单位承担。

（6）仪器要求专人保管和使用,并加以维护。

（7）仪器要有档案和使用及维护记录。

（8）产品在运输中应防雨、防潮,避免强烈的震动与撞击。

六、防雷接地装置

防雷接地装置是埋入土壤中用作散流的导体,通过向大地泄放雷电流使防雷装置对地电压不致过高。其接地电阻越小越好,独立的防雷接地装置的电阻应小于等于4 Ω。在接地电阻满足要求的前提下,防雷接地装置可以和其他接地装置共用。

通常用埋设于土壤中的人工垂直接地体(宜采用角钢、圆钢、钢管)或人工水平

接地体(宜采用圆钢、扁钢)等形式作为接地装置。

七、防静电接地

1. 静电接地装置

静电接地装置由接地线和接地极 2 部分组成。

（1）接地线。

接地线必须有良好的导电性能、适当的截面积和足够的强度。油罐、管道、装卸设备的接地线常使用厚度不小于 4 mm、截面积不小于 48 mm² 的扁钢；油罐汽车可用直径不小于 6 mm 的铜线或铝线；橡胶管一般用直径 3～4 mm 的多股铜线。

（2）接地极。

接地极应使用直径 50 mm、长 2.5 m、管壁厚度不小于 3 mm 的钢管，清除管子表面的铁锈和污物(不要进行防腐处理)，挖一个深约 0.5 m 的坑，将接地极垂直打入坑底土中。接地极应尽量埋在湿度大、地下水位高的地方。接地极与接地线间的所有接点均应拴接或卡接，确保接触良好。

2. 检查维护

（1）应定期检查静电接地装置的技术状况，确保其完好。

（2）用仪器定期检测静电接地装置的电阻值，如发现不符合要求，应及时修复。

八、人体静电释放器

人体静电释放器是一种由不锈钢制成的人体静电泄放装置，如图 5-28 所示。其内设置一个无源电路系统，当人体触摸钢球时，能将自身所携带的静电通过此装置受控、匀压、匀流地泄放到大地中，从而避免因静电放电而存在火灾隐患。

九、绝缘棒

1. 作用

绝缘棒主要用于接通或断开隔离开关、跌落式熔断器，装卸携带型接地线以及带电测量和试验等。

图 5-28 人体静电释放器

2. 类型

根据其制作材料及外形的不同，绝缘棒可分为实心棒、空心管和泡沫填充管 3 类。其长度可按电压等级及使用场合而定，为便于携带和使用方便，将其制成多段，各段之间用金属螺丝连接，使用时可拉长、缩短。

3．结构原理

绝缘棒一般用电木、胶木、环氧玻璃棒或环氧玻璃布管制成，如图 5-29 所示。

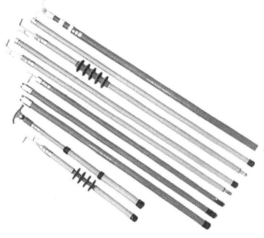

图 5-29　绝缘棒

4．使用要求

（1）检查绝缘棒是否在检验有效期内，要求每 6 个月检验一次。

（2）使用前必须核对绝缘棒的电压等级与所操作电气设备的电压等级是否相同。

（3）使用绝缘棒时，工作人员应戴绝缘手套、穿绝缘靴，以加强绝缘棒的保护作用。

5．不安全行为

（1）使用未检验的绝缘棒。

（2）使用绝缘棒未戴绝缘手套、未穿绝缘靴。

（3）绝缘棒未存放在干燥的地方。

（4）绝缘棒未放在特制的架子上，或未垂直悬挂在专用挂架上。

（5）绝缘棒与其他物品碰撞导致表面绝缘层损坏。

第六章　应急管理

HSE管理体系的核心思想是"预防为主,防治结合"。应急管理是"防治结合"思想的体现。应急管理的主要目标是:对突发事件、事故灾害做出预警;启动应急预案,控制灾害事故的发生和扩大;进行有效的救援,把损失降到最低;迅速恢复到正常状态。应急工作应坚持"以人为本,最大限度保证企业员工和当地群众生命安全,最大限度保证企业财产安全;实行统一领导、分级负责、区域为主、反应及时、措施果断、单位自救与外部救援相结合;先抢救人员、控制险情,再消除污染、抢救物资"的工作原则。加强采气作业的应急管理,是采气生产管理的重要环节。

第一节　应急预案

为了提高对突发事件处理的整体应急能力,确保在发生事故时能够采取有序的应急救助措施,有效地保护职工生命和气田财产的安全,保护生态环境和资源,把损失降到最低,必须制定有针对性的预案。基层应急预案的主要内容包括以下4个方面:

一、人员管理

基层井站人员的名册及相关信息完整;井站负责人、值班人员、留守人员、临时外出人员、休假人员清楚,并进行挂牌明示。

井站负责人负责本井站事故应急救援行动的指挥和与外部救援机构的协调联系。值班人员在第一时间向站长报告,负责现场抢险等相关工作。留守人员负责协助值班人员完成现场抢险等相关工作。临时外出人员要求通讯畅通,紧急情况下要能在规定时间内及时返回,协助抢险。

二、事件报告

当突发事件发生后,相关人员应根据不同的险情,及时做好报告工作。报告时应考虑以下几个方面:

(1)向上级报告。值班人员发现险情后,在第一时间向井站负责人报告,井站负责人根据险情情况决定是否向采气队(或片区负责人)报告。

（2）向地方政府报告。当险情重大时,应及时向地方政府报告。

（3）向应急救援部门报告。当发生重大火灾时,及时向当地消防部门进行报告;当有人员伤亡或中毒时,及时与当地急救医疗部门联系。

（4）向周边公众告知。当险情可能危及周边公众的生命和财产安全时,应及时向周边公众告知。

突发事件报告时,应说清楚以下内容:突发事件的性质;发生事件的时间、地点、起因、严重程度、救援、求救要求等;现场临时采取的应急防范措施;报告人的姓名等。

三、现场指挥

应急处置的不同阶段,现场指挥人员有所不同。在应急处置的初期,当只有井站人员进行应急处置时,井站站长为现场指挥,所有员工必须服从指挥;若站长外出,须临时指派一负责人全权代理其职责,当突发事件发生时,其他员工应听其指挥。若突发事件严重,采气队应急领导小组接到事故信息后,立即组织现场施救,现场指挥由采气队应急领导小组组长担任,站长协助其工作,所有人员听其指挥抢险救灾。

四、应急处置

（一）常见突发事件的应急处置措施

采气作业中常见的突发事件有火灾爆炸、天然气泄漏、管线堵塞、自然灾害及群体性事件等,应急处置要求如下:

1. 火灾爆炸的应急处置

（1）生产流程区火灾。

值班人员关闭站内井口阀门及出站阀门,打开放空阀门点火放空;留守人员根据情况灭火;立即上报采气队应急救援小组,严格执行应急救援小组下达的应急指令并做好记录;如火势太猛不易控制,立即拨打"119"火警电话并维护好现场,由及时赶到的专业消防人员组织灭火并协助消防人员了解站内流程布置情况,以利于实施合理有效的灭火方案,组织灭火;当发现含油污水罐有燃烧、爆炸、破裂、沸溢或喷溅的危险时,应在火势有可能威胁到建筑物和可燃物质的方位上,组织灭火力量,用泥土紧急构筑防护堤,阻挡油火流淌蔓延。

（2）生活区火灾。

值班人员关闭流程区生活用气管线控制阀门并组织灭火;留守人员立即切断总电源开关;立即上报采气队应急救援小组,严格执行应急救援小组下达的应急指令并做好记录;如火势太猛不易控制,立即拨打"119"火警电话并维护好现场,由及时赶到的专业消防人员组织灭火并协助消防人员了解生活区布置情况,以利于实施合理有效的灭火方案,组织灭火。

（3）站外居民火灾。

若是站外起火或周围住户发生火灾,特别是距离采输配气站较近的民房,在确保采输配气站安全的前提下,留站人员应积极帮助灭火,如切断电源、移开可燃物等,值班人员要坚守本职岗位,帮助拨打"119"火警电话。当火灾扩散危及到站场或管线安全时,应启动本站"应急预案"。

（4）集输管线火灾事故。

值班人员关闭本站所有生产气井及出站阀门;值班人员通知下游井站关闭进站阀门并打开放空阀门点火放空泄漏管线;立即上报采气队应急救援小组,严格执行应急救援小组下达的应急指令并做好记录;留站人员到管线泄漏处做好警戒工作;如火势太猛不易控制,立即拨打"119"火警电话并维护好现场,由及时赶到的专业消防人员组织灭火并协助消防人员了解管线布置情况,以利于实施合理有效的灭火方案,组织灭火。

（5）爆炸事故。

若发生爆炸事故则组织全体人员紧急撤离,做好疏散警戒工作并立即上报采气队应急救援小组及相关救护单位。

2. 油气泄漏的应急处置

（1）场站油气泄漏。

值班人员打开旁通阀,关闭泄漏点上下游控制阀门并放空泄漏点管段;站内人员对泄漏点进行处理,如无法处理则立即上报采气队应急救援小组,严格执行应急救援小组下达的应急指令并做好记录;如扩大为火灾爆炸事故则按相应应急预案处理。

（2）集输管线油气泄漏。

值班人员关闭本站所有生产气井及出站阀门;值班人员通知下游井站关闭进站阀门并打开放空阀门点火放空泄漏管线;立即上报采气队应急救援小组,严格执行应急救援小组下达的应急指令并做好记录;留站人员到管线泄漏处做好警戒工作。

（3）含硫天然气泄漏。

含硫天然气泄漏时,应根据不同的硫化氢浓度采取不同的应急处置方法。

当硫化氢浓度小于 10 ppm 时,可连续作业,但要密切监测硫化氢浓度的变化情况。

当硫化氢浓度等于或大于 10 ppm 而小于 20 ppm 时,要求安排专人观察风向、风速,确认受侵害的危险区;切断危险区的不防爆电器电源;安排专人佩戴空气呼吸器到危险区域检查泄漏情况;非作业人员撤离至安全区域。

当硫化氢浓度等于或大于 20 ppm 而小于 100 ppm 时,要求现场作业人员应佩戴空气呼吸器进行作业;向上级部门或责任人报告;安排专人到主要下风口 100 m 处进行硫化氢监测;进行泄漏区域的切断、放空,控制泄漏源;撤离作业现场非应急人员;清点现场作业人员;切断现场可能的着火源。

当硫化氢浓度等于或大于 100 ppm 时,现场作业人员应组织周边危险区域的群众和职工有序地向上风向迅速撤离到安全区域,进入作业区域的人员应佩戴空气呼吸器。

3. 管线堵塞的应急处置

(1)值班人员关闭井口阀门,组织站内人员查找堵点位置。

(2)值班人员关闭堵点下游控制阀门,放空堵塞管段自然解堵并准备灭火器具警戒。

(3)措施无效时立即上报采气队应急救援小组,严格执行应急救援小组下达的应急指令并做好记录。

4. 突发自然灾害(洪水、地震)的应急处置

(1)值班人员立即抢关井口阀门及出站阀门,同时切断电源。

(2)如站内有人员伤亡,值班人员首先拨打"120"等电话求助,然后立即上报采气队应急救援小组,严格执行应急救援小组下达的应急指令并做好记录。

(3)当危及现场人身安全时,组织全站人员撤离现场并做好警戒工作。

5. 群体性事件的应急处置

(1)值班人员跟踪并详细了解事件现场情况,立即上报采气队应急救援小组,严格执行应急救援小组下达的应急指令并做好记录。

(2)值班人员立即安排留站人员迅速做好现场布控工作,疏散现场围观群众和无关人员。

(3)留站人员参与群体性上访人员的现场接待、疏导上访人员,并做好应急处置准备。

(4)留站人员协助消防、气防、医疗救护等救援力量做好接待处置现场的秩序维护工作。

(5)值班人员使用录音、摄像设备对现场人员的过激行为及挑头闹事者的活动及时进行拍摄录存,搜集违法犯罪证据。

(二)应急处置的注意事项

应急处置时,要对事故的严重性做出正确判断,最大限度地保护人生安全,防止事态扩大。应急处置中的注意事项主要有以下几个方面:

1. 正确佩戴个人防护器具

应急救援人员要穿戴工装、工鞋,佩戴空气呼吸器,为防不测还应在脖子上系

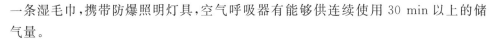

一条湿毛巾,携带防爆照明灯具,空气呼吸器有能够供连续使用 30 min 以上的储气量。

2. 合理选用抢险救援器材

现场指挥员和作业人员要了解事故中泄漏天然气压力、流量,了解现场的温度、硫化氢浓度,要求掌握各种防护器材的性能、使用范围、适用环境条件,根据现场具体情况可能遭遇的危险类型,合理选用抢险救援器材。

3. 正确采取救援对策或措施

现场应急指挥负责人和应急人员首先对事故情况进行初始评估。根据观察到的情况,初步分析事故的范围和扩展的可能性,立即向上级汇报事故简要情况,现场同时组织人员对天然气扩散危险区设置警戒,疏散附近群众,严禁任何形式的火源,避免引起着火、爆炸、中毒等继发事故。抢险过程中,抢险人员与外面监护人员应保持通讯联络畅通并确定好联络信号,在抢险人员撤离前,监护人员不得离开监护岗位。

4. 正确实施现场自救和互救

现场指挥指定专人负责对每个应急抢险人员进行登记,发现有受伤人员,立即采取措施使患者脱离危险区域,避免影响其呼吸。对脱离污染区的伤员进行现场急救,并及时将重危人员转送医院。

5. 加强现场环境监测

使用检测仪器对天然气、氧气及有毒气体含量实施检测。实时掌握环境状况,指导现场救援。

6. 应急逃生

当事故现场失控并危及生命安全时,应及时逃生。现场人员必须熟悉应急逃生路线图,根据当时的风向及地理环境,正确选择逃生方向。

第二节 应急设备及器材

一、采气场站的应急设备及器材

采气场站的应急设备及器材主要有以下 3 大类:

(1)防护类:防爆调光电筒、手提式防爆探照灯、安全绳、安全警戒带、军用雨衣、安全帽、便携式可燃气体检测仪、空气呼吸器、充气泵等。

(2)消防类:MFZ4 手提式干粉灭火器、MFZ8 手提式干粉灭火器、MFZ35 推车式干粉灭火器、MFZ50 推车式干粉灭火器、消防箱、消防桶、消防铲等。

(3)救护类:绷带、胶布、创可贴、酒精、双氧水(过氧化氢)、棉签等。

二、救援机构的应急设备及器材

救援机构的应急设备及器材主要有以下 7 大类：

（1）消防主战车辆类：多功能消防车、水罐消防车、泡沫消防车、干粉消防车、消防坦克、高喷消防车、气防救援车、强风抢险车、通信卫星指挥车、移动式专用空气充气车、其他工程抢险车辆（如挖掘机、装载机、环境监测车、泥浆罐车、供水车、救护车、移动机加工车、应急救援发电车、器材运输车、抢险救援车、应急指挥车等）等。

（2）气防设备类：正压式空气呼吸器、碳纤维气瓶、移动供气源、无线监控系统、正压式空气呼吸器、跌倒报警仪（消防员呼救器）、紧急逃生呼吸器、空呼面罩便携盒、多点无线气体监测系统、便携式硫化氢检测仪、便携式二氧化硫检测仪、便携式可燃气体检测仪、便携式多功能气体检测仪、大功率充气泵、小功率电动充气泵、小功率汽油充气泵、硫化氢庇护舱等。

（3）消防设备类：移动消防泵（手抬消防泵）、便携式风力灭火机、移动式遥控消防炮、水驱动排烟机、高压消防水带、手动水带卷盘机、风速风温仪、避火服、灭火防护服、指挥服、抢险救援服、隔热服、轻型防化服、重型防化服、连体消防防化服、消防战斗服、消防战斗靴、防化（消防）服烘干器、消防头盔、抢险救援头盔、防静电内衣、防静电服、抢险救援服、防护手套、绝缘手套、抢险救援靴、绝缘靴、登山救援鞋、灭火毯、漏电探测仪、防爆对讲机、公共清洗站等。

（4）救援设备类：救生气垫、起重气垫、起重气囊、充气气桥、电子荧光导线绳、充气帐篷、氧气呼吸苏生器、救生抛投器、安全挂钩、安全绳（$\phi 8 \times 20$，$\phi 16 \times 20 \sim 50$）、自救绳、救援提升装置、救生担架、多功能担架、伤员固定抬板、肢体固定气囊、电绝缘装置、液压冲击钻、凿岩机、液压支撑顶杆、重型支撑套具、液压扳手、法兰错位调整器、螺母粉碎器、气动切割刀、头骨传声器、救援头盔、红外线测温仪、激光测距仪、漏电探测仪、热像仪、雷达生命探测仪、GPS 定位仪、指北针、便携式等离子切焊工具、电动破拆工具组、机动链锯、混凝土链锯、手抬机动泵、液压破拆工具组（5件套）、电动双轮异向切割锯、消防腰斧（带护套）、浮艇泵等。

（5）照明设备类：手提式防爆探照灯、固态微型强光防爆电筒、固态防爆强光头灯、防爆泛光灯、全方位自动泛光工作灯、消防照明手电筒、应急照明灯等。

（6）防洪防汛类：冲锋舟、橡皮艇、救生衣、救生圈等。

（7）其他类：移动泵房、泥浆罐（车装背罐）、中继站、移动气象仪、119 报警系统、各型内封式堵漏气袋、外封式堵漏排流袋、外封式堵漏气袋、气动吸盘式堵漏器、气动法兰堵漏袋、捆绑堵漏包扎带、小孔堵漏工具、木楔堵漏器、注入式/阀门堵漏套具、粘贴式堵漏工具、磁压式堵漏工具、无火花工具（21件套）、小孔堵漏枪、防爆型金属堵漏套管、防爆对讲机、防爆耳机、数码望远镜、军用指北针、钢架尺、军用望远镜、手持喊话器、指针式接地电阻测试仪、接地电阻检测袋、钳形接地电阻测试仪、重泥浆储备库等。

第三节　应急演练

事故应急预案是一项复杂的系统工程,为了使演练达到预期效果,必须重视预案,重视演练。通过演练,使员工意识到应急预案的重要性并保持警惕。每个员工要求熟练掌握本井站的应急处置预案,基层单位必须进行应急处置预案的培训学习,通过培训了解每项任务的重要性,以及每个岗位的应急响应职责等。在操作技术培训和每月的班组安全学习时,应急处置预案应是学习的重要内容。演练的基本内容应根据演练的任务要求和规模而定,一般说来演练应包括生产场景和应急场景。通过预设场景按预案的科目时间顺序进行操作,检验科目设置的实用性和逻辑性是否符合要求。演练的基本要求为:演练计划必须细致周密,要把各级应急力量和应该配备的器材组成统一的整体;演练用的记号、标志和指令要统一,并符合标准,力求使每个演练者都能立即明白,迅速执行;待检查项目和考核内容标准清楚,容易考核和评价;演练模拟条件要有一定广度,以便于各应急抢险及救护专业分队有各自的灵活性。

一、演练科目

事故应急演练根据演练场地的不同分为室内演练和现场演练2种。

根据其任务要求和规模不同又分为单项演练、部分演练和综合演练3种。单项演练是针对性地完成应急任务中的某个单项科目而进行的基本操作;部分演练是检验应急任务中的某几个相关联的科目、某几个部分准备情况、同应急单位之间的协调程度等进行的基本演练;综合演练是有当地相关部门配合参与的全方位演练。

二、演练频次

应急演练的目的是通过演练来发现预案的不足之处和存在的问题,以便及时修改;检验员工在紧急情况下的应急处置能力和统一协调能力;使员工更加熟悉应急处置预案的内容,最终达到预案实用性的要求。

各单位应根据实际情况每年至少组织1次综合应急演练,所属二级单位每半年至少组织1次综合应急演练,基层单位每季度至少组织1次现场处置方案演练。各单位要根据实际情况组织演练。

三、演练总结

应急预案在演练后要及时做好总结,总结分析是每个演练者再次学习和全面提高的机会,为下一步预案和演练的修订提供依据。演练总结的内容应有以下几方面:

(1)演练的基本情况。如参加演练的单位、部门、人员和地点,演练的起止时间,演练的项目和内容,演练过程中的环境条件,演练动用的设备、物资,演练效果等。

(2)演练的评价。对预案的设计是否周详、演练的准备是否充分、演练中存在的主要问题等根据演练时表现出来的实际情况做出评价。

(3)对预案及演练的建议。通过演练的总结分析,对预案在程序和内容方面的设计、设备器材的设置、演练的最佳顺序和时间、演练的预想设置、演练的指挥等方面提出改进性意见。

四、持续改进

应急预案在演练后要及时做好总结,通过演练总结,对预案中发现的问题及时提出解决方案,并对应急预案进行修订完善;另外,当采气井站的人员、生产情况、生产工艺设施、相关标准和规定等发生变化时,应及时修改应急处置预案,达到持续改进的目的。当应急预案修改后,应把情况及时通知给所有与应急预案有关的人员。应急预案应定期检查,并在其规定条款和范围变化时随时更新。应急预案的更新审查应注意以下几方面:

(1)应急计划所覆盖范围可能随着自然气候的变化而不同。

(2)周围环境的变化,如新的居民、住宅区、商店、公园、学校或道路等。

(3)生产的变化,如改变监测设备的安装位置和油田设备的位置,油气井操作流程或操作参数、程序的更改,矿场装置的变化等。

(4)应急预案中的联系人、电话、地址等的变化。

(5)其他应予以注意的变化。

在应急预案条款更新后,应通知所有相关人员,并对书面预案手册进行及时更新,更新的预案应在页面上注明版次和更新时间。

参考文献

［1］ 杨川东.采气工程.北京:石油工业出版社,2001.

［2］ 钟孚勋.气藏工程.北京:石油工业出版社,2001.

［3］ 张育林,余树良.采气.北京:石油工业出版社,1988.

［4］ 中国石油天然气总公司劳资局.采气工.北京:石油工业出版社,1996.

［5］ 中国石油天然气集团公司人事服务中心.输气工.北京:石油工业出版社,
2005.